“十三五”国家重点研发计划项目
绿色施工与智慧建造关键技术（2016YFC0702100）资助
施工全过程污染物控制技术与监测系统研究及示范
（2016YFC0702105）课题成果之二

施工现场有害气体、污水、噪声、光、扬尘控制技术指南

陈　浩　王海兵　主　编
张静涛　彭琳娜　黄乐鹏　吴传元　肖　坚　副主编

中国建筑工业出版社

图书在版编目（CIP）数据

施工现场有害气体、污水、噪声、光、扬尘控制技术指南 / 陈浩，王海兵主编. —北京：中国建筑工业出版社，2020.2
ISBN 978-7-112-24858-2

Ⅰ.①施… Ⅱ.①陈… ②王… Ⅲ.①建筑施工-环境保护-指南 Ⅳ.①X799.1-62

中国版本图书馆CIP数据核字（2020）第024603号

本书是“十三五”国家重点研发计划项目的成果总结。全书一共五章，分别为：第一章 施工现场有害气体控制技术；第二章 施工现场污水控制技术；第三章 施工现场噪声控制技术；第四章 施工现场光污染控制技术；第五章 施工现场扬尘控制技术。本书适合广大施工单位和施工管理单位人员阅读、使用。

责任编辑：张伯熙　曹丹丹
责任校对：姜小莲

施工现场有害气体、污水、噪声、光、扬尘控制技术指南
陈　浩　王海兵　主　编
张静涛　彭琳娜　黄乐鹏　吴传元　肖　坚　副主编
*
中国建筑工业出版社出版、发行（北京海淀三里河路9号）
各地新华书店、建筑书店经销
北京鸿文瀚海文化传媒有限公司制版
北京中科印刷有限公司印刷
*
开本：787×1092毫米　1/16　印张：8¾　字数：181千字
2020年7月第一版　2020年7月第一次印刷
定价：**32.00**元
ISBN 978-7-112-24858-2
（35402）

本书编委会

前　言

人类文明的发展始终伴随着对资源的索取和对自然生态环境的破坏。特别是在工业社会以来，人类活动的范围迅速扩大，对自然资源利用的广度和深度急剧扩张，人类不再满足于基本的生存需要，而是不断地追求更丰富的物质和精神享受，对物质财富的过度追求和资源环境承载能力之间的矛盾变得突出。

当前，我国经济建设的成就举世瞩目，居民生活水平也得到快速提高。经济的发展在给人们提供前所未有的物质文明和精神享受时，也给自然环境造成了巨大的压力。我国面临着资源短缺、重点流域水体污染、城市空气环境恶化、生态退化等严重的环境问题，这些问题必须得以重视，我们要下大力气转变发展思路，改变现状。

党的十九大报告指出：建设生态文明是中华民族永续发展的千年大计。必须树立和践行绿水青山就是金山银山的理念，坚持节约资源和保护环境的基本国策，像对待生命一样对待生态环境，统筹山水林田湖草系统治理，实行最严格的生态环境保护制度，形成绿色发展方式和生活方式，坚定走生产发展、生活富裕、生态良好的文明发展道路，建设美丽中国，为人民创造良好生产生活环境，为全球生态安全作出贡献。

建筑业作为国民经济中的重要物质生产行业，它具有资源消耗大，污染排放集中，覆盖面和影响面广的特点。特别是在施工过程中需要消耗大量的水泥、钢材、木材、玻璃等材料，同时产生了大量的有害气体、污水、噪声、光和扬尘等污染，影响施工现场及周边公众的生产、生活，也给城市造成负面环境影响。近年来，国家针对施工现场污染控制出台了一系列政策和标准规范，“绿色施工”的概念被提出，绿色施工作为绿色建筑全寿命期中的重要一环，是可持续发展思想在工程施工中的应用，它随着可持续发展和环境保护的要求而产生，对施工过程中的污染控制提出了一系列要求。

但是，我们也发现对于施工现场有害气体、污水、噪声、光和扬尘这五类主要污染物的控制，还存在主要针对单项污染开展、控制与监测脱钩以及污染监测手段落后等问题。在此情形下，由湖南建工集团有限公司牵头国家重点研发计划课题“施工全过程污染物控制技术与监测系统研究及示范”（课题编号：2016YFC0702105），协同中国建筑第二工程局有限公司、重庆大学、上海市建筑科学研究院（集团）有限公司、湖南大学等单位共同开展针对施工现场有害气体、污水、噪声、光和扬尘污染五类主要污染物的形成机理、影响范围及危害、控制指标、控制技术及监测技术等研究。该课题属于国家重点研发计划“绿色建筑与建筑工业化”专项中“绿色施工与智慧建造关键技术”项目（项目编号：2016YFC0702100），该项目旨在通过施工绿色化、装备设施成套化、建造智能化等手段解决目前困扰施工现场管理升级和技术进步的各类问题，从而研发出新一代绿色施工和智慧建造的核心技术与产品。而本课题从施工现场各类污染源研究着手，分析污染产生的原因、组成和扩散机理，寻找控制和监测污染的方法，最终达到降低或消除各类污染的目的，是施工绿色化的根本，也是“绿色施工与智慧建造关键技术”项目不可分割的重要组成部分，更是项目要攻克的关键技术之一。

课题组经过三年多的时间，对施工全过程有害气体、污水、噪声、光和扬尘五类主要污染物的扩散机理进行研究，并在全国30个省、市、自治区进行调研，结合十几个在建工程施工现场进行实践和示范，编制形成《施工全过程污染控制指标体系指南》、《施工现场有害气体、污水、噪声、光、扬尘控制技术指南》和《施工现场有害气体、污水、噪声、光、扬尘监测技术指南》三本书籍，旨在对施工全过程污染控制指标体系、控制技术和监测技术等提出建议，供同行在进行施工现场污染控制时参考，同时，也希望能为我国绿色施工环境保护相关政策制定、技术开发提供理论支撑，能助推施工现场的技术创新，施工企业的转型升级，也为施工现场污染的大数据形成提供支持，最终实现减少排放、提高资源再生利用、减少施工扰民、改善居民生活环境、降低社会综合环保成本，推动我国绿色施工，实现建筑业可持续发展。

本书主编单位有：中国建筑第二工程局有限公司、湖南建工集团有限公司；参编单位有：重庆大学、上海市建筑科学研究院（集团）有限公司、湖南大学。本书是国家重点研发计划课题“施工全过程污染物控制技术与监测系统研究及示范”（课题编号：2016YFC0702105）成果文件之二，与其他两本出版成果《施工全过程污染控制指标体系指南》、《施工现场有害气体、污水、噪声、光、扬尘监测技术指南》配套使用，将形成施工现场有害气体、污水、噪声、光、扬尘这五类污染物从控制指标到配套的监测方法，直至控制技术建议的全套参考书籍，能为推动我国施工现场污染物的源头减量、过程控制和末端无害起到很好的指导和借鉴作用。

在编写过程中得到中国建筑集团有限公司首席专家李云贵博士、中建技术中心邱奎宁博士和中国建筑业协会绿色建造与智慧建筑分会于震平教授级高级工程师的大力支持，在此特别感谢！由于作者水平有限，本书在编写中存在的缺点和不足在所难免，请读者提出宝贵意见。

目　录

第一章

施工现场有害气体控制技术

第一节　概述

1. 基本情况

有害气体是指对人或动物的健康产生不利影响，或者说对人或动物的健康虽无影响，但使人或动物感到不舒服，影响人或动物舒适度的气体。如氨气（NH_3）、硫化氢（H_2S）和一氧化碳（CO）等，它们的形成过程可分为一次污染物和二次污染物。前者是指直接从污染源排放出来的有害物质，如二氧化硫、氮氧化物、一氧化碳、碳氢化合物等；后者是指由一次污染物在大气中经化学反应后形成的新的污染物，常见的二次污染物有臭氧、过氧化乙酰硝酸酯（PAN）、硫酸及硫酸盐气溶胶、硝酸及硝酸盐气溶胶，以及一些活性中间物（又称自由基），如过氧化氢基（$—HO_2$）、氢氧基（—OH）、过氧化氮基和氧原子等。

随着社会经济科技的发展，城市化进程的加快，施工工地数量大幅增加，对施工现场的有害气体控制尤为重要，针对建筑施工有害气体控制技术的研究手段主要集中于有害气体的发散源头及传播过程中的控制。

从纯技术角度出发，大多数有害气体控制措施的技术难度并不是很大，根据具体情况因地制宜地采取经济有效且利于监控的措施会产生相应的效果。

2. 施工有害气体的来源

(1) 土石方基础施工阶段与拆除施工阶段

土石方基础施工阶段是建筑施工的第一阶段。在这一阶段中，有害气体主要来源于施工中所使用的工程机械，如挖掘机、推土机、装载机、各种打桩机以及各种运输车辆等，以及钢筋的切割、焊接和桩基爆破、开挖等施工过程。

在这些有害气体污染源中，有些污染源（如各种运输车辆）移动的范围比较大，有些污染源（如推土机、挖掘机等）相对移动的范围较小。国家规定，重型卡车白天不能进入市区，它只能利用夜间运输土石方，所以，在土石方阶段各种设备配合运输车辆夜间运行时，车辆所产生的尾气也使施工区夜间的污染程度高于白天的污染程度。施工机械所产生的有害气体主要有：一氧化碳（CO）、碳氢化合物（C_XH_Y）、氮氧化物（NO_x）、二氧化硫（SO_2）、含铅化合物、苯并芘及固体颗粒物，能引起光化学烟雾。钢筋在焊接过程中由于焊剂燃烧会产生烟尘，烟尘中有害气体主要有：一氧化碳（CO）、氮氧化物（NO_x）和臭氧（O_3）等，这些烟尘会造成局部地区有害气体污染，如果存在比较密集的钢筋焊接区，其污染程度则要高于其他区域。同时，某些施工场地采用桩基施工时会采用爆破加人工挖孔的方式进行桩基开挖，由于爆破所产生的烟尘在地下消散速度较慢，因此它的污染持续时间较长，需特别注意施工人员在这类区域施工工作时的安全，爆破过程中主要产生的有害气体有：一氧化碳（CO）、氮氧化合物（NO_x）等，一些特殊炸药的爆生气体还含有硫化氢（H_2S）、二氧化硫（SO_2）、氯化氢（HCL）等。

在进行地下室防水施工作业时，由于多用热熔法施工，施工材料在温度作用下会释放诸如二甲苯等有毒、有害气体，在密闭环境下这些有毒、有害气体随着时间的推移而造成大量的堆积会对人体造成伤害，严重时可能会危及生命，因此需要在这种施工过程中加大对有毒、有害气体的监测和防护。

在拆除原有建筑和临时建筑时，有害气体污染主要来源于建筑垃圾运输的车辆、结构拆除所用机械排出的尾气和部分采用爆破拆除的地方，这些污染源与土石方基础施工阶段较为相似。

(2) 主体结构施工阶段

主体结构施工阶段是建筑施工中周期最长的阶段。不仅参与这一阶段施工的人员较多，而且使用的施工机械设备种类繁多，施工工序也较为复杂。现场所观测到的有害气体污染，不但有施工机械操作时产生的尾气，还有钢结构及钢筋切割焊接时产生的烟、钢结构喷涂防护层及模板施工时采用的有机溶剂所释放的有害气体和其他建筑材料切割打磨时产生的烟尘。主体结构施工阶段有些有害气体污染源的位置也并不固定，很多污染源随施工进度的变化而变换位置，随机性较大，例如，大多数的施工机械等；有些污染源的位置就相对比较固定，如钢筋加工区内钢结构及钢筋切割焊接操作等。钢结构喷涂防护层及模板施工时采用的有机溶剂中主要存在的有害气体为甲醛、挥发性有机化合物（VOC）、甲苯类化合物、氡等。

(3) 装饰装修阶段

装饰装修阶段中所用的施工机械数量较少，有害气体污染源主要出现在装饰装修阶段所使用的建筑材料中。在进行装饰装修阶段的施工活动中，部分施工现场会有熬制装修用胶的情况，由于熬胶会产生甲醛等有害气体，在室外会通过大气循环进入城市其他区域，造成较为严重的大气污染，同时会给现场熬胶的施工人员带来身体上的危害。在室内进行小批量的熬胶时，由于通风不畅等原因，会在室内迅速堆积有害气体，如不及时处理同样会造成较大的危害，因此，对于施工现场的熬胶活动应多加关注，防止事故的发生。

我国《建筑工程绿色施工规范》GB/T 50905—2014 规定，对民用建筑工程验收时，室内环境污染物浓度须达到一定标准，如表 1-1-1 所示。我国《室内空气质量标准》GB/T 18883—2002 规定，室内空气中有害气体浓度须在一定的限值以下，如表 1-1-2 所示。我国《室内装饰装修材料内墙涂料中有害物质限量》GB 18582—2002 中对室内装修材料的有害物质做了限量，如表 1-1-3 所示。欧盟 2004/42/EC 指令给出了油漆和清漆中 VOC 的最高限值，如表 1-1-4 所示。

民用建筑工程室内环境污染物浓度限量　　**表 1-1-1**

污染物	Ⅰ类民用建筑工程	Ⅱ类民用建筑工程
氡(Bq/m^3)	≤200	≤400
甲醛(mg/m^3)	≤0.08	≤0.1
苯(mg/m^3)	≤0.09	≤0.09
氨(mg/m^3)	≤0.2	≤0.2
TVOC(mg/m^3)	≤0.5	≤0.6

室内空气质量标准　　**表 1-1-2**

序号	参数类别	参数	单位	标准值	备注
1	化学性	二氧化硫(SO_2)	mg/m^3	0.50	1 小时均值
2		二氧化氮(NO_2)	mg/m^3	0.24	1 小时均值
3		一氧化碳(CO)	mg/m^3	10	1 小时均值
4		二氧化碳(CO_2)	%	0.10	日平均值
5		氨(NH_3)	mg/m^3	0.20	1 小时均值
6		臭氧(O_3)	mg/m^3	0.16	1 小时均值
7		甲醛(HCHO)	mg/m^3	0.10	1 小时均值
8		苯(C_6H_6)	mg/m^3	0.11	1 小时均值
9		甲苯(C_7H_8)	mg/m^3	0.20	1 小时均值
10		二甲苯(C_8H_{10})	mg/m^3	0.20	1 小时均值
11		总挥发性有机物(TVOC)	mg/m^3	0.60	1 小时均值

有害物质限量　　**表 1-1-3**

项目	水性墙面涂料限量值	水性墙面腻子限量值
挥发性有机化合物(VOC)	≤120g/L	≤15g/kg
苯、甲苯、乙苯、二甲苯总和(mg/kg)	≤300	
游离甲醛(mg/kg)	≤100	

续表

项目		水性墙面涂料限量值	水性墙面腻子限量值
可溶性重金属(mg/kg)	铅(Pb)	≤90	
	镉(Cd)	≤75	
	铬(Cr)	≤60	
	汞(Hg)	≤60	

注：1. 涂料产品所有项目均不考虑稀释配比。

2. 膏状腻子所有项目均不考虑稀释配比；粉状腻子除可溶性重金属项目直接测试粉体外，其余 3 项按产品规定的配比将粉体与水或胶粘剂等其他液体混合后测试。如配合比为某一范围时，应按照水用量最小、胶粘剂等其他液体用量最大的配比混合后测试。

油漆和清漆中 VOC 的最高限值 **表 1-1-4**

序号	产品类型	水性(g/L)	溶剂型(g/L)
1	室内亚光墙壁及顶棚涂料(光泽度<25°～60°)	30	30
2	室内光亮墙壁及顶棚涂料(光泽度>25°～60°)	100	100
3	室外矿物基质墙壁涂料	40	430
4	室内外木质和金属件用装饰性和保护性漆	130	300
5	室内外装饰性清漆和木材着色剂(包括不透明的木材着色剂)	130	400
6	室内外最小构造的木材着色剂	130	700
7	底漆	30	350
8	粘合性底漆	30	750
9	单组分功能涂料	140	500
10	双组分反应的功能涂料(如地坪专用面漆)	140	500
11	多色涂料	100	100
12	装饰性效果涂料	200	200

(4) 材料与废弃物运输活动

材料和废弃物运输活动是穿插在整个建筑结构施工过程中的，这一阶段的主要有害气体污染来源是建筑材料及废弃物运输的车辆所释放的尾气。由于这一阶段运输车辆不固定，因此污染源也会随时移动，应在主要施工区域对施工运输车辆进行有效的管理。

(5) 现场垃圾焚烧

虽然现在国家有明确规定在施工现场严禁焚烧施工及生活垃圾，但在部分施工现场仍会出现焚烧垃圾的现象。由于垃圾的成分极其复杂，焚烧时会生成一种多环芳香烃化合物，这类化合物可以通过呼吸道或食物链进入人体，在体内有机体未能抵抗的情况下，引起全身性的疾病。不少垃圾中有塑料制品和其他一些有害物质，一旦焚烧会产生大量烟雾、灰尘，甚至有毒物质，如一氧化碳、二氧化碳、苯的化合物等有害气体，还有不少致癌物质如二噁英等，对人体危害很大。因此施工现场的垃圾焚烧也是产生有毒有害气体的来源之一，应加强监控和防护。

(6) 现场沥青的熬制

沥青多用于道路施工，但少数建筑工程施工中也会用到，而现场沥青的熬制会形成沥青油及烟气，其中主要成分为酚类、化合物、蒽、萘。吡啶等，这些成分一方面对大气污染较为严重，同时由于其中含有大量的致癌物，对现场施工人员的健康会造成危害，因此现场进行沥青熬制也是有害气体污染来源之一。

(7) 食堂区域

食堂区域的有害气体来源主要是餐饮设备所产生的有害废气，这往往是最容易忽略的一点，然而有研究表明：因餐饮加工所产生的有害气体只占大气气体污染物总量的30%左右。

(8) 卫生间区域

卫生间区域有害气体来源主要是卫生间内的恶臭气体及部分设有沼气池场所的沼气。同时，由于外界因素和内部因素的综合影响，沼气池和排污管道等会存在气体泄漏情况，这也是该区域有害气体的一大来源。

3. 施工有害气体的特征

(1) 广阔性

由于大气环境是流动的开放空间，故有害气体的污染范围不受边界的限制，施工过程中产生的有害气体可能会经过污染转嫁产生长距离污染而引发难以控制的环境安全威胁。

(2) 严重性

由于施工过程有害气体的本身属性以及面积广、扩展迅速等特征，所产生的有害气体可能会经过空气流动污染周围居民的生活环境，同时施工中会有相对密闭的情况，很容易对在这种环境下工作的施工人员的身体健康造成危害。

(3) 区域性

施工过程产生的有害气体所造成的大气环境污染严重程度由于地域的不同会存在差异性，主要原因是：工程项目所在地的地形地貌、城市功能区位置、气候条件等多方面因素共同作用的影响，进而使得排放的有害气体污染程度不同。

(4) 不确定性

由于施工过程中有害气体污染源不一定是固定的，而且施工现场环境相对比较复杂，因而有害气体的传播具有相当的不确定性。

(5) 突发性

施工过程中由于会发生突发性事件（如施工造成的管道破损带来的气体泄漏），这种突发性事件会造成有害气体污染的突然形成，因而有害气体污染具有突发性。

4. 施工有害气体的危害

施工过程中有害气体主要包括甲烷（CH_4）、氨气（NH_3）、一氧化碳（CO）、硫化氢（H_2S）、二氧化硫（SO_2）、氯气（CL_2）、氮氧化物（NO_x）、挥发性有机化合物（VOC）等。结合我国《环境空气质量标准》GB 3095—2012 和《大气污染物综合排放标准》GB 16297—1996 中的监测评估因子，确定施工过程中有害气体污染评估主要以一氧化碳（CO）、二氧化硫（SO_2）、二氧化氮（NO_2）、挥发性有机化合物（VOC）作为评估因子，下面就四种评估因子的危害性进行分析：

（1）一氧化碳（CO）危害特性

一氧化碳（CO）是无色、无味、无臭、无刺激性且具有可燃烧性的有毒气体。当一氧化碳（CO）体积浓度达到 13%～75%时，遇到火源会发生爆炸。它几乎不溶于水，很难与空气中其他物质发生反应，因此可在大气中长时间持续停留而造成严重的局部污染。人体血液中的血红素与一氧化碳（CO）的亲和力比它与氧气的亲和力大 250～300 倍，对人体危害较为严重。一氧化碳（CO）的中毒程度与中毒浓度、中毒时间、呼吸频率和深度及人的体质有关，其对人体的中毒程度的关系见表 1-1-5。

（2）二氧化硫（SO_2）危害特性

二氧化硫（SO_2）是有强烈硫磺气味及酸味的无色气体，当空气中二氧化硫（SO_2）浓度达到 0.0005%时就会对人的眼睛有刺激作用，并且人能嗅到刺激性气味，同时也对呼吸道的黏膜产生强烈的刺激作用。它能溶于水，空气中的二氧化硫（SO_2）遇水后会生成硫酸（H_2SO_4），相对密度为 2.32。二氧化硫（SO_2）有剧毒，其中毒程度与浓度的关系见表 1-1-5。

（3）二氧化氮（NO_2）危害特性

二氧化氮（NO_2）是一种有刺激性气味的棕红色有毒气体，氮氧化物（NO_x）中的二氧化氮（NO_2）毒性最大，它比一氧化氮（NO）毒性高 4～5 倍。吸入二氧化氮（NO_2）可能对肺组织产生强烈的腐蚀作用，对环境有危害，对水体、土壤和大气可造成污染，中毒程度与浓度的关系见表 1-1-5。

施工过程中有害气体评估因子不同浓度对人体的危害　　表 1-1-5

有害气体	浓度(ppm)	对人体的影响
一氧化碳(CO)	50	允许的暴露浓度，可暴露 8h(OSHA)
	200	2～3h 内可能会导致轻微的前额头痛
	400	1～2h 后前额头痛并呕吐，2.2～3.5h 后眩晕
	800	45min 内头痛、头晕、呕吐，2h 内昏迷，可能死亡
	1600	20min 内头痛、头晕、呕吐，1h 内昏迷并死亡
二氧化硫(SO_2)	0.3～1	可察觉的最初的二氧化硫(SO_2)
	2	允许的暴露浓度(OSHA、ACGIH)
	3	非常容易察觉的气味
	6～12	对鼻子和喉部有刺激
	20	对眼睛有刺激

续表

有害气体	浓度(ppm)	对人体的影响
二氧化氮(NO_2)	0.2～1	可察觉的有刺激的酸味
	1	允许的暴露浓度(OHSA、ACGIH)
	5～10	对鼻子和喉部有刺激
	20	对眼睛有刺激
	50	30min 内最大的暴露浓度
	100～200	肺部有压迫感,急性支气管炎,暴露稍长一会将引起死亡
挥发性有机化合物(VOC)	《民用建筑室内环境污染控制规范》GB 50325—2010 中规定的 TVOC 含量为Ⅰ类民用建筑工程:0.5mg/m^3、Ⅱ类民用建筑工程:0.6mg/m^3	

注：1. OSHA 是指美国职业安全与健康管理局（Occupational Safety and Health Administration）颁布的OSHA 标准；

2. ACGIH 是指美国政府工业卫生师协会（American Conference of Governmental Industrial Hygienists）颁布的 ACGIH 标准。

(4) 挥发性有机化合物（VOC）危害特性

挥发性有机化合物（VOC）是指在室温下，饱和蒸汽压大于 70.91Pa，在常温下，沸点小于 260℃的有机化合物。从环境监测的角度是指以氧火焰离子检测器检测出的非甲烷烃类的总称，主要包括：烷烃类、芳烃类、烯烃类、卤烃类、酯类、醛类、酮类和其他有机化合物。挥发性有机化合物（VOC）的危害很明显，当挥发性有机化合物（VOC）浓度超过一定数值时，在短时间内人们感到头痛、恶心、呕吐、四肢乏力，严重时会抽搐、昏迷、记忆力减退。挥发性有机化合物（VOC）会伤害人的肝脏、肾脏、大脑和神经系统。

由表 1-1-5 我们可以看出：施工中有害气体浓度一旦超过一定的限值就会对人的身体健康造成伤害。

5. 控制技术发展情况

施工有害气体控制措施一般可以分为防止与抑制两种类型。防止是指通过改变施工活动、施工工艺等手段，阻止有害气体的产生途径或改变有害气体的排放模式，从源头控制有害气体的产生；抑制主要是加强空气的流通性。从某种意义上讲，防止措施是更有效的措施，需要得到比抑制措施更多的关注。

第二节　技术清单

施工有害气体控制技术清单见表 1-2-1。

施工有害气体控制技术清单　　表 1-2-1

序号	技术名称	类别	技术区分	使用建议
1	施工机械尾气排放控制技术	防止	收集技术	■重要 □ 一般
2	地下室有毒、有害气体控制技术	抑制	收集技术	□重要 ■ 一般
3	基坑有毒、有害气体检测报警装置技术	抑制	创新技术	■重要 □ 一般
4	人工挖孔桩有毒、有害气体监测报警技术	抑制	创新技术	■重要 □ 一般
5	施工现场焊接气体净化技术	防止	创新技术	■重要 □ 一般

第三节　具体技术介绍

1. 施工机械尾气排放控制技术

(1) 技术内容

在土方开挖阶段因施工需求要将原场地内的土方及施工工程桩的渣土外运，普通的老式渣土运输车存在高排放、高噪声、易漏撒、易超速超载等弊端，且环境污染严重。因车辆功率大，所以通常都有大量的尾气排放，这会造成严重的气体污染，本技术主要采用电动机驱动的车辆代替老式渣土运输车，并辅以其他措施将其余机械尾气进行处理，从而减少施工现场有害气体污染。

(2) 技术要点

用比亚迪 T10ZT 电动智能运输车为代表的电动机驱动车辆代替老式渣土运输车。渣土运输是城市建设和发展不可或缺的一部分，但其产生的扬尘、噪声和尾气排放也是造成环境污染的“罪魁祸首”之一。随着环境保护理念的逐渐深入，为了达到城市“清洁运输”的终极目标，各大商用车生产商都积极响应号召，发展智能化渣土运输车。比亚迪 T10ZT 电动智能渣土运输车采用的是 8×4 的驱动布局，驱动桥采用的是 2×180kW 的电机集成桥，总功率达到了 360kW，动力性能比目前常见的渣土运输车好，车速可达 85km/h 以上，最大爬坡度达到 30°，足以满足运输需求（图 1-3-1）。

比亚迪 T10ZT 电动智能渣土运输车具有以下优点：

1）电池容量大：比亚迪 T10ZT 电动智能渣土运输车所搭载的 435kW · h 的磷酸铁锂电池，足够该车每天行驶 280km 以上。假设施工工地的渣土运输车负责转运工地产生的渣土，每天往返 4～5 趟到渣土中转点，每趟行程约 10km，在正常情况下，无论是柴油车还是电动车，每天行驶的里程在 100km 左右，而比亚迪电动智能渣土运输车的 280km 续航里程完全满足需求。其次，在充电效率上，比亚迪电动智能渣土运输车配备两个功率达 120kW 的充电口，可同时进行快速充电，435kW · h 的电池在 2 个小时内能充满电。无论是停止工作时充电，还是在工作时间段内紧急充电，

图 1-3-1　比亚迪 T10ZT 电动智能渣土运输车

都大大节省用户的时间。

2）使用安全：由于绿色施工，因此在渣土运输车每次进出工地前，都要对车身进行冲洗，保证不把污泥带到路面。既然是电动车，那么难免有人会怀疑这款车的防水性能，据了解，比亚迪电动智能渣土运输车的关键零部件的防护等级达到了 IP68 级，在防尘、防水性能上都达到了顶级水平，同时比亚迪电动智能渣土运输车的涉水深度也达到了 350mm，应付泥泞的工地路况绰绰有余。

3）更节约：一台渣土运输车每年运营里程为 5 万 km，燃油车油耗为 50L/100km，油价约为 6.75 元/L，每公里的运营成本在 3.38 元左右。而比亚迪电动智能渣土运输车每百公里耗电 138 度，每公里的运营成本在 1.65 元左右（以深圳平均电价 1.2 元/度为例），与普通燃油渣土运输车相比，每年因油电差价可节省 8.6 万元。

4）更人性：电动智能渣土运输车不仅符合绿色施工对渣土运输车的环保要求以及用户对渣土运输车的使用需求，该车也考虑了司机驾驶的舒适性。比亚迪电动智能渣土运输车采用平顶排半驾驶室，配有卧铺方便司机休息，同时驾驶室空间也非常宽敞，司机驾驶不再感觉难受。

5）最环保：电动智能渣土运输车的推出，很好地解决了城市建设与环境保护之间的矛盾，通过比亚迪的技术升级，使原本排放污染较为严重的传统渣土运输车一下变为“零排放”车型，同时得以于电动车型的特性，它还具有行驶安静、驾驶室舒适等一系列的优势，对城市环境更加友好。除了环保优势以外，由于比亚迪电动智能渣土运输车行驶安静的特点，在夜间、早晨行驶时，能降低噪声产生的影响，延长了工作时间，提高了运输效率（图 1-3-2）。

除了上述智能渣土运输车的使用外，还针对部分无法用电驱动代替柴油驱动的汽车采用了相关的尾气处理方法，常见的汽车尾气处理方法有 4 种：

① 采用无铅汽油：使用这种汽油，汽车尾气中的碳氧化物、氮氧化物会减少。

② 掺入 15%以下的甲醇燃料或者含 10%水分的水-汽油燃料，可以减轻汽车尾气的污染。

图 1-3-2 比亚迪 T10ZT 电动智能渣土运输车作业现场

③ 采用乙醇汽油：使用乙醇作为燃料，其环保、经济、抗爆炸的优点显而易见。

④ 采用其他燃料，比如天然气、太阳能等。

(3) 适用范围及效果

适用于所有土方施工工程。

纯电动智能渣土运输车在工地的使用降低了渣土运输车尾气的排放，避免了污染大气环境而且还搭载智能监控、疲劳驾驶行为监测、车辆偏离预警、盲区监控及雷达监测系统等智能化配置，可以极大缓解驾驶员开车疲劳。据计算，一辆燃油渣土运输车或燃油混凝土搅拌车尾气排放量相当于 70 辆私家车的尾气排放量，以深圳市为例，如果实现渣土运输车和混凝土搅拌车全面电动化，与燃油车相比，一年可以节省燃油 62692 万 L，减少二氧化碳排放 161.46 万 t，减少二氧化硫排放 3.12 万 t，减少氮氧化物排放 0.91 万 t，为保护生态环境提供了强有力的支持。

2. 地下室有毒有害气体控制技术

(1) 技术内容

目前，超高层建筑项目地下室均为三层左右，且面积均不小。地下室在长期的施工阶段中，由于不通风，且各种油漆、腻子等散发气味的施工物料产生的气味，长期在地下室中排不出去；地下室回填阶段也极易产生土渣，进而产生大量的无法及时排出的扬尘，导致每一个建筑项目的地下室，一定是空气最差的地方，在地下室工作的管理人员及劳务人员，均会受到地下室不良环境的影响。

在潮湿的地下室都有潮气，而且潮气非常严重，人们若长期住在地下室会引发严重的风湿疾病。更为严重的是，地下有氡气，氡气是有别于可挥发气体的一种放射性气体，具有无色、无味、摸不到、看不见的特性，广泛存在于人类生活与工作环境中，已被世界卫生组织公布为19种主要环境致癌物质之一，是除吸烟以外诱发肺癌的第二大因素。它可以穿透墙、木板，地下室存在大量的氡气，严重危害人的建康。人们呼吸时，氡气随气流进入肺脏，气体分子衰变时放出α射线，这种射线像小“炸弹”一样轰击肺细胞，使肺细胞受损，从而引发患肺癌的可能性。医学研究已经证实，氡气还可能造成人们得白血病、不孕不育、胎儿畸形、基因畸形遗传等后果。科学家测算，如果生活在室内氡气浓度为200bq/m^{3}的环境中，相当于每人每天吸烟15根，而地下室由于长期不开窗，很多氡气的含量大于上述指标。

为了有效改善地下室的空气环境、清除扬尘，使得作业人员有一个好的施工环境，可采用地下室的风机提前启用技术，以实现地下室的空气循环系统。

(2) 技术要点

本技术主要是将地下室风机房提前施工，设备提前采购，在地下室施工期间提前投入使用，实现永临结合（图1-3-3），改善地下室内空气质量，主要技术要点有：

图1-3-3 地下室风机房永临结合

① 在土建施工时，优先完成风机房的施工，以达到风机房提前使用的交付条件；

② 在土建施工时，提前完成通电设备房的施工，以达到通电设备房的交付条件，以使得风机房具备通电条件；

③ 选取合适的几台风机，以满足地下室的大部分需求；

④ 风机设备须提前招标，提前采购，提前进场。

(3) 适用范围及效果

适用于地下室大且通风不好的项目。

风机提前启用，有效地改善了地下室的施工作业环境，消除了扬尘，经济效果及社会效果良好。风机提前启用是解决地下室空气差，扬尘无法很好清除的较好方式。

3. 基坑有毒有害气体检测报警装置技术

(1) 技术内容

在施工过程中，建筑深基坑内可能出现大量的有害气体，从而危害施工人员的安全。在所出现的大量的安全事故中，因为有毒有害气体导致施工人员中毒的事故占了不少。传统的有毒有害气体检测方法是将活体动物放入深基坑内，几分钟后取出，观察其生理状况是否发生变化，如其出现昏迷、死亡等现象，则可判断深基坑内存在有害气体，此方法的特点是检测速度慢、准确性低、不环保。

基坑有毒有害气体检测报警装置（图 1-3-4），具备准确、及时，且有害气体浓度达到危险界限时可以自动报警的特点。报警装置能同时激发深基坑坑底、坑口及办公室三级警报，警告施工人员进行自救及救援人员施救，确保施工人员的安全。

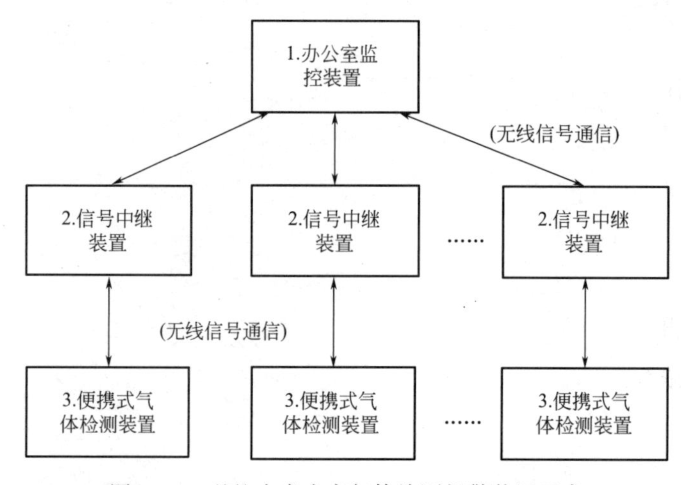

图 1-3-4　基坑有毒有害气体检测报警装置示意

(2) 技术要点

本项技术是提供一种能及时提醒施工人员自救及救援人员施救的建筑深基坑有害

气体检测报警装置。它由 3 个部分组成：办公室监控装置、信号中继装置、便携式气体检测装置，三者通过无线信号进行通信。本系统采用模块化设计，分为核心模块、液晶模块、无线数传模块、报警器模块、气体传感器模块和串行接口模块。便携式气体检测装置、信号中继装置和办公室监测装置分别采用不同的模块集成。

基坑有毒有害气体检测报警装置包括：便携式有毒有害气体检测报警装置、报警装置、监测装置。其特征在于：便携式有毒有害气体检测报警装置、报警装置及监测装置三者之间均设有无线信号收发及中转装置，当工作人员携带便携式有毒有害气体检测报警装置进入深基坑内时，如遇到有害气体超过限值，能及时报警提醒携带者避险自救，同时，通过无线网络激发位于坑口和办公室的报警装置，迅速组织抢救，能有效防止中毒事故的发生或者保证抢救的及时性。

便携式气体检测装置由现场施工人员携带进入深基坑，它被用于检测建筑深基坑内混合气体中的四种有害气体的浓度，现场施工人员可随时得知自身是否处于安全的空气中。当气体浓度达到一定限值，即气体浓度达到危险界限时，系统将发出警报提示坑底施工人员撤离现场，同时，便携式气体检测装置通过无线信号将气体状况及警报发送到信号中继装置。便携式气体检测装置还允许现场施工人员在感到身体不适时主动报警，以便坑外工作人员实施救援，保障人员生命安全。

信号中继装置安放在深基坑坑口。它在接收到便携式气体检测装置发出的警报信号后立即报警，提示坑口人员协助坑底施工人员撤离现场。同时，系统将通过无线信号将气体状况及警报发送到办公室监测装置。

办公室监测装置安放在办公室中。它在接收到警报信号后立即发出警报，提示办公室人员安排好包括救援在内的事故应急处理工作。同时，系统将警报的相关内容记录到数据库中。

在整个工作流程中，从气体浓度检测到坑底、坑口、办公室三级报警系统均自动工作，当办公室工作人员需要即时了解深基坑中气体浓度状况时，可在办公室监测装置中使用系统查询模式进行实时状况查询。在办公室监测装置并发出查询命令后，系统将查询指令通过无线信号发送到信号中继装置，然后转发到便携式气体检测装置。便携式气体检测装置接收到信号后立即检测当前气体浓度，然后将气体浓度发送到信号中继装置，再由信号中继装置转发到办公室监测装置并显示出来。在系统监控模式下，如果气体浓度达到危险指标也将触发警报装置发出警报。

(3) 适用范围及效果

适用于所有深基坑施工现场。

该技术能实时监测深基坑内有害气体含量，触发限值报警装置，对消除深基坑有害气体中毒事故有非常好的效果。同时，可以通过该技术读取深基坑内有害气体含量数据，为相关研究提供基础素材。

4. 人工挖孔桩有毒有害气体监测报警技术

(1) 技术内容

近年来，随着城市大规模建设的需要，一批批高层建筑、超高层建筑拔地而起。这些建筑的基础往往需要建立在入岩深度比较深的工程桩之上，而在施工现场场地狭小、场地难以平整的位置，大型机械难以展开施工，人工挖孔桩就非常适用（图 1-3-5）。但是在人工挖孔时，会存在有毒气体，如富氮欠氧“空气”或甲烷等充斥孔底，阻碍作业人员施工，甚至导致作业人员死亡。在石质地层，同样因为缝隙中渗出的地层过滤气体和部分地层的耗氧化学反应等因素影响，会存在富氮欠氧等有毒气体。

图 1-3-5　人工挖孔桩施工图

(2) 技术要点

在人工挖孔桩成孔全过程中应有有害气体监测手段。传统有害气体监测手段是：在下孔前先放入活体家禽，靠观察家禽的中毒反应判断孔内有害气体浓度。当家禽出现中毒症状时，迅速撤离孔内操作人员，强行通入新鲜空气 15～30min 后，挖孔桩人员才可继续入孔作业。这种方法简单、直接、容易操作，但存在着如下弊端：

1）不能连续监测：孔内有害气体浓度是随着施工进程逐渐升高的，有时候挖孔桩人员下孔施工是安全的，但随着施工进行，有害气体浓度增加，会发生危险。

2）不科学环保：用活禽作为监测工具，不科学环保。

因此，为更准确、更及时、更连续、更环保科学地监测人工挖孔桩内有害气体的浓度，需要引入新的智能、可持续性监测方式。

人工挖孔桩的气体监测报警系统用于在线监测桩孔内氧气、一氧化碳、甲烷、硫化氢、氢气、二氧化硫、氨气及温度、湿度等数值（图 1-3-6），主机系统可根据所设定警报值在警报发生时自动开启风机进行通风换气，并进行声光报警。如需进行后台监控（图 1-3-7），系统自带配套的上位机软件，可直接与仪器连接，也可让主机增加相应模块可将数据通过有线或无线方式发送至后台软件。

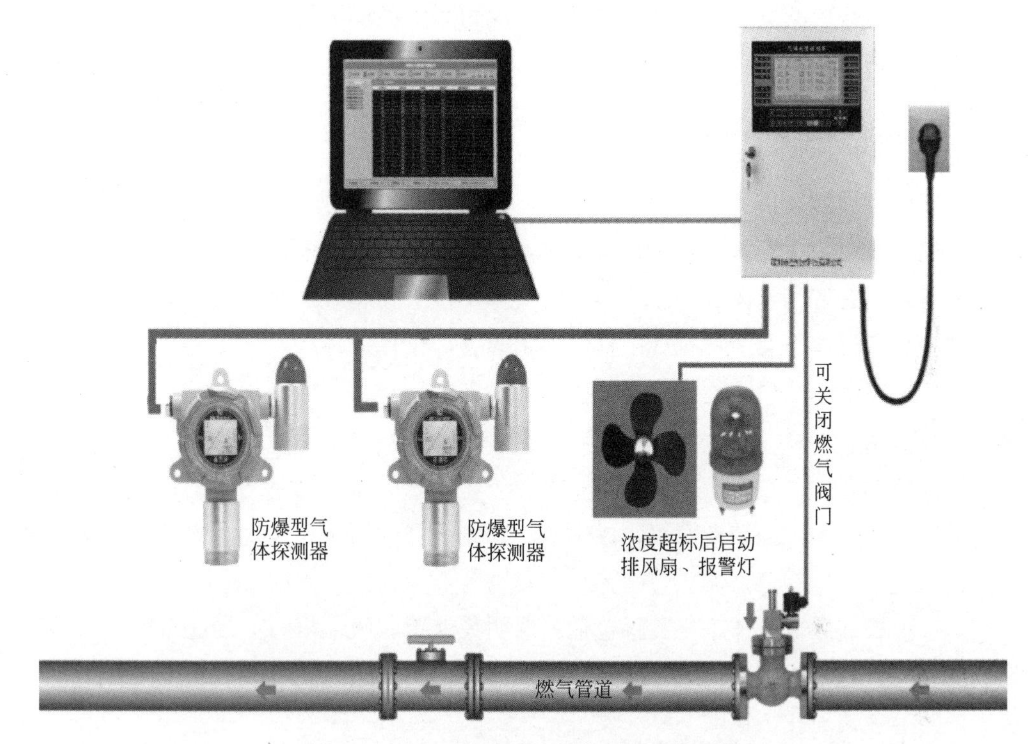

图 1-3-6　人工挖孔桩的气体监测报警系统

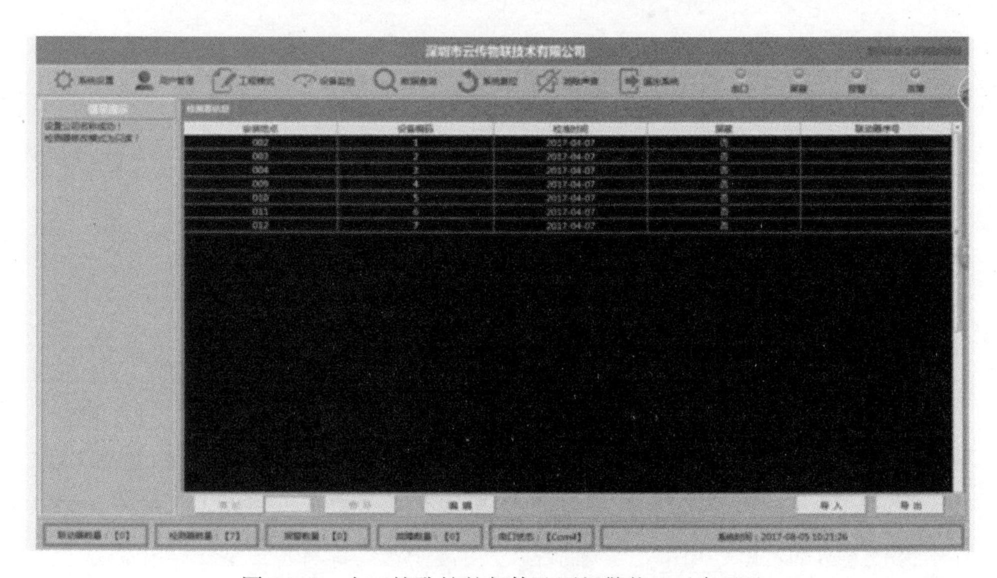

图 1-3-7　人工挖孔桩的气体监测报警装置后台显示

（3）适用范围及效果

适用于人工挖孔桩施工。

在人工挖孔桩施工时采用该智能监测装置，与传统方式相比，它能有效地、准确地、持续性地对人工挖孔桩底部进行气体监测，对施工人员的作业环境进行实时监控。

该技术大大减少因对孔底情况不明，无法对孔底进行有效判断时，有害气体对施工人员造成不必要的危害。在孔底出现险情时可第一时间通过报警装置了解情况，并避免二次伤害。

5. 施工现场焊接气体净化技术

(1) 技术内容

在建筑施工中，尤其是在钢结构建筑施工中，施工现场往往存在大量的焊接作业，焊接时会有有害气体产生。这些有害气体不仅会损害施焊人员的健康，未经处理直接排放有害气体还会影响空气质量。为了改善焊接作业环境和防止大气污染，要将施焊过程中产生的烟尘收集，不让其扩散，或者采用有害气体净化装置，减少现场有害气体传播。

(2) 技术要点

本技术提供了一种结构简单、成本低、操作简便的用于焊接现场的有害气体净化装置。

焊接现场的有害气体净化装置包括：透明集气罩、吸风机、连接透明集气罩和吸风机的吸气软管、连接在吸风机出气口的气体净化器，透明集气罩上还开设有用于安装焊把的第一装配孔。见图 1-3-8。

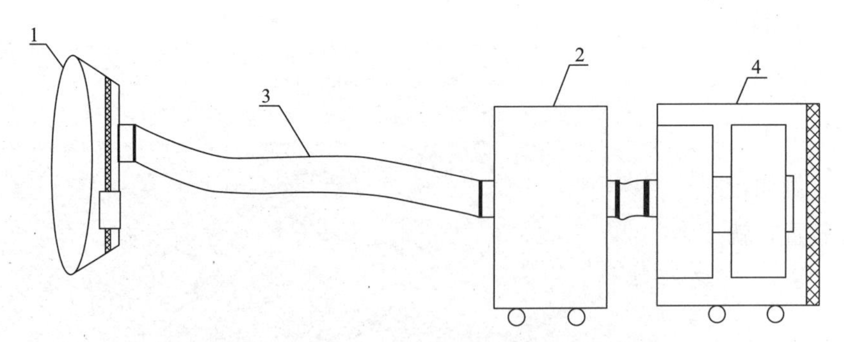

图 1-3-8 焊接现场的有害气体净化装置示意图

1-透明集气罩；2-吸风机；3-吸气软管；4-气体净化器

焊接烟雾在高温下挥发出大量的微粒。这些微粒飘浮在空气中，在一定的光线照射下人眼可以观察到。焊接烟雾中还有散发到空气中，我们肉眼看不到的气体，这些气体中含有大量的乙醛、甲醛、异氰酸盐、碳氢化合物等有害成分。这些微粒和有害性气体会影响操作者的健康及污染环境。焊接现场的有害气体净化装置是用适合的收集器（透明集气罩和吸风机等）通过软管将焊接烟雾收集到气体净化器中，将焊接烟雾净化后再排到室外。

具体净化过程为：焊接过程产生的气体在吸风机的作用下，通过吸气软管进入气体净化器内部，并依次通过第一气体处理室、第二气体处理室。气体处理室内放置有氢氧化钠溶液，使气体处理室内呈碱性环境，气体通过第一气体处理室时焊接过程产生的酸性有害气体与氢氧化钠溶液反应，得到净化。第二气体处理室内为活性炭等物质，用于吸附气体中的细小有毒颗粒和祛除异味，经第一气体处理室处理后的气体，经第二气体处理室进一步净化，除异味后依次通过气体排放口和尾部的不锈钢滤网片排放至大气中。

（3）适用范围及效果

适用于现场焊接作业的工程。

本技术设计的现场焊接有害气体净化装置，可创造安全的焊接环境，净化有害气体，改善施工区域空气质量，保障施焊人员身体健康。本装置装拆便捷、使用灵活、设备费用较少，符合现行建筑行业推行的绿色、低碳、环保的施工理念。

第四节　技术发展导向及趋势

最初人们对施工现场有害气体控制技术不够了解，认为加强通风就可以使有害气体排到大气中，对人体不会造成伤害。但是很多有害气体对人体产生的危害是短时间难以发现的，这种危害对人体的影响是不可逆转的，所以有害气体控制技术的发展要向其源头控制追溯，并结合多种监测技术提前发现有害气体。

1. 源头控制技术

从源头降低有害气体的产生，相对有害气体产生后再采取补救措施，效果更好、成本更低。因此，施工现场有害气体控制技术的发展势必倾向于从源头控制有害气体的产生。例如，施工现场的机械尾气排放采用一定的净化装置，如汽车发动机外部尾气净化装置，就是我们常见的三元催化器。三元催化器作为一种最重要的机外净化装置，安装在汽车排气管，将汽车尾气中的一氧化碳、碳氢化合物和氧化物等有害气体通过氧化和还原作用转变成无害的二氧化碳、水和氮气，使三种有害气体变成无害气体，使汽车尾气得以净化。又如，通过水箱使汽车尾气中的碳烟粒子经过水洗、过滤、蒸汽的淋浴，可去除粘在碳粒上的有毒物质，使碳粒变大而被去除。当然，前面提到的用电动运输车代替传统的汽油运输车，也是源头控制汽车尾气的好方法。

2. 多种技术结合

在有害气体控制层面，不能仅靠单一的技术减少有害气体，必须从源头及过程开始，将相关的技术结合运用多元化、多技术、共同控制而达到现场有害物有效控制的目的。

3. 管理和技术结合得更紧密

在环境保护方面，很多时候通过加强管理也能达到一定控制效果。没有管理辅助，再好的技术，效果也难以令人满意。所以，在技术发展的同时，施工现场的相关管理措施也在进步，未来的有害气体控制技术，一定是管理和技术相结合的。例如，建立制度管理、及时的预警报告和技术设备治理结合的综合有害气体控制体系。

4. 监测更加智能化

随着机械化、自动化程度的提高，有害气体控制将更智能，人工操作会越来越少，未来施工现场的有害气体控制将靠精密的仪器测量、电脑自动控制、机械自动完成，这既有利于提高监测效果，减少人员损伤，也有利于节省人工。

第五节　技术发展的建议

1. 部分技术强制推广

在日后施工现场的机械车辆一定程度的强制使用以绿色能源为动力的车辆，减少采用气油作为驱动的车辆，可以有效地减少有害气体的产生。

2. 创新型技术的鼓励

对控制有害气体效果好的创新技术，如现场焊接气体净化技术等，可以采取定期公布推广目录、宣传、示范、网络推荐等多种手段进行传播，推荐和鼓励在绿色施工项目中使用。

3. 管理手段的技术协调

绿色施工技术从来不是独立存在的，配套的管理手段和监控技术必须协同发展，形成一个整体才能共同推动现代化绿色施工的发展。

4. 监测技术的推进

监测技术作为有害气体的控制技术在施工全过程中必须坚持实施，它可以提前发现有害气体并预警，可将有害气体对人员的伤害降到最低。

第二章

施工现场污水控制技术

第一节　概述

2015年4月16日国务院印发《水污染防治行动计划》（“水十条”，以下简称《计划》），《计划》提出到2020年，全国水环境质量得到阶段性改善，污染严重水体大幅度减少，饮用水安全保障水平持续提升，地下水超采得到严格控制，地下水污染加剧趋势得到初步遏制，近岸海域环境质量稳中趋好，京津冀、长三角、珠三角等区域水生态环境状况有所好转。《计划》从全面控制污染物排放、推动经济结构转型升级、着力节约保护水资源、强化科技支撑、充分发挥市场机制作用、严格环境执法监管、切实加强水环境管理、全力保障水生态环境安全、明确和落实各方责任、强化公众参与和社会监督十个方面开展防治行动。

本指南提出了施工现场污水控制的相关技术，从污染源头、污染控制工艺、技术标准、结合新技术和已推行实施的各类技术为主，着重阐述在施工过程中对健康水环境的构建内容、要求和方法，其中主要包括地下工程施工污水处理技术、施工区污水再利用技术、富水易风化炭质页岩隧道污水处理施工技术、生活污水净化循环利用系统、民用建筑项目中污水处理系统，并提供了我国部分实践案例。

1. 基本情况

我国的《水污染防治法》指出：“水污染是指水体因某种物质的介入，而导致其化学、物理、生物或者放射性等方面特性的改变，从而影响水的有效利用，危害人体健康或者破坏生态环境，造成水质恶化的现象”。上述概念说明了水污染是由于外界物质进入水体，使水质发生了改变，影响了水的利用价值或者使用条件。

在维系人的生存以及保持经济发展的过程中，水的重要性是毋庸置疑的。但随着我国工业化和城镇化的进程加快，我国的水环境也面临着很大的挑战。中国是世界上十三个缺水国家之一，水污染使我国已经面临的水短缺的现状更是雪上加霜。我国的江河湖泊普遍受到污染，90%的城市水体也污染严重。水污染降低了水资源的使用功能，给我国的可持续发展战略带来了不利影响。

2. 施工污水的来源

按照源头可分为两类：一是施工现场污水，主要包括车辆及混凝土输送泵的清洗废水，油料及化学溶剂库房遗洒，雨水混杂泥土等污水；二是生活区污水，主要包括食堂、盥洗室、淋浴间产生的污水及化粪池的排放污水。

施工过程中将会消耗大量的水，如施工期间遇到天气干燥的季节，需要喷洒大量的水防止施工道路扬尘，这样会直接产生污水。同时，在施工期间对施工机械的清洗用水，混凝土的养护用水，施工人员的生活用水等均是废水的来源。

（1）土石方基础施工阶段与拆除施工阶段

这一阶段施工废水的来源主要有以下几种：基坑开挖或爆破时产生的涌水混合水泥砂浆的废水，泥浆排入水体后可能会使水体中 Cl^- 或者 SO_4^{2-} 提高，侵蚀性二氧化碳增大；明挖基础或钻孔桩基础施工产生的含渣废水；基坑降水排水时产生的废水；施工机械设备运行时产生的含油废水；用于施工降尘的水；喷射注浆材料从中渗出的废水以及后勤生活污水等。

（2）主体结构施工阶段

这一阶段施工废水的来源主要有以下几种：各种建筑材料在运输过程中的泄漏进入水体；施工机械燃油和机油泄漏；临时堆料场因雨水冲刷形成的废水；施工设备维修清洗产生的含油废水；混凝土、早强剂、速凝剂等材料水解后产生的碱性废水以及生活废水。

（3）装饰装修阶段

这一阶段施工废水来源主要有以下几种：装修涂料、胶粘剂、处理剂等残留物形成的废水；机械设备运行产生的含油污水；材料因雨水冲刷形成的废水以及生活污水。

（4）材料与废弃物运输

材料与废弃物运输是贯穿整个施工过程的重要施工活动，这一活动的施工污水来源主要有以下几种：材料运输过程中车辆产生的含油污水；施工现场产生的液体废弃物随意排放；车辆清洗废水；泥砂、水泥等废弃物排入水中产生的废水以及生活污水。

3. 施工污水的特征

（1）主要污染物为油类 SS

施工废水中油类、SS 含量偏高。主要是因为工地进出车辆较多，造成油污污染指标较高；施工时产生大量扬尘会导致施工现场废水悬浮物过多。

（2）废水 pH 值均呈碱性

造成这一结果的原因主要是施工材料所致。由于施工过程中使用了大量的混凝土和减水剂、早强剂、速凝剂等材料，这些材料水解会产生硅酸三钙、硅酸二钙、氢氧化钙等水溶性物质，这些物质均呈碱性，因而造成水中 pH 值升高。

（3）废水水质水量不稳定，不同时间不同工地区别很大

受不同地质条件和地下水位影响，不同工地废水量会不同，不同的施工工法所产生的废水量也不同，即便是同一工地在不同时期废水流量和水质状况也会有很大变化。水量的不稳定给水质处理会带来很大难度。

（4）施工水污染具有突发性

当施工现场发生意外事故时，通常会导致水体污染。例如，发生化学物品泄漏、工地火灾或者水灾。例如，发生化学药剂泄漏，会导致水体产生化学污染，若不及时处理，将会发生严重危害。

4. 施工污水的危害

就一般施工项目而言，施工水污染造成的危害可分为以下五种：

（1）施工过程中污染物无序排放

建筑工地上的水经过使用后常被掺杂了多多少少的污染物，比如，泥砂、油污等，如果污水能被自行消化、吸收或循环再利用，避免随意排放，便可以舒缓工地水体污染的情况，然而，往往碍于各种主观因素和客观因素，在施工项目中产生的污水会被排放到工地之外，常常会造成附近水体受到污染。

（2）施工过程中污染物随意弃置

在施工现场产生的污染物有三种形态：液态、固态及固液混合。其中，液态的污染物往往未被处理便被排放，从而导致水体污染。余下两种形态的污染物则通常被运往工地外弃置，在被弃置的地方通过地下水、河流和海域等污染了水体。

（3）生活污水

在工地经常会修建食堂及厕所供施工人员使用，这两个地方常会产生生活污水。食堂产生的污水有洗涤食物水、肥皂水，厕所产生的污水则包括人类排泄物及冲厕水。其中，排泄物常含有大量的生物营养物，在排放后易对附近环境造成水体污染，造成较为严重的后果。

（4）降雨径流

降雨常会随着附近的山涧、河流进入施工现场，在工地地面造成径流或积存，再混杂工地的污染物，比如砂泥，便会造成污水，经排放后污染水体，影响环境。

（5）意外事故

施工现场意外事故的发生常常会引起水体污染，比如，发生化学物品泄漏、发生工地火灾或者发生水灾。每个施工现场都或多或少会存在一些潜在危机，比如，工地发生火灾时，便会有大量的水用作灭火，这样会造成大量用水积存及排放，进而污染水体。

其次，城市地下工程的发展及城市基础工程施工也会对地下水资源产生不利影响。如果在工程施工中不注重对地下水资源的保护和监测，地下水资源将会遭受严重的流失和污染，对经济的发展和生活环境造成巨大的负面影响。比如，对于大型工程，随着基础埋置深度越来越深、基坑开挖深度的增加，不可避免地会遇到地下水。由于地下水的毛细作用、渗透作用、侵蚀作用，均会对工程质量有一定影响，所以必须在施工中采取措施解决这些问题。通常的解决办法有以下两种：降水和隔水。降水对地下水的影响通常要强于隔水对地下水的影响。降水是强行降低地下水位至施工底面以下，使得施工在地下水位以上进行，消除地下水对工程的负面影响。该种施工方法不仅造成地下水大量流失，改变地下水的径流路径，还由于局部地下水位降低，邻近地下水向降水部位流动，地面受污染的地表水会加速向地下渗透，对地下水造成更大的污染。更为严重的是由于降水局部形成漏斗状，改变了周围土体的应力状态，可能会使降水影响区域内的建筑物产生不均匀沉降，使周围建筑或地下管线受到影响甚至破坏，威胁人们的生命安全。另外，由于地下水的动力场和化学场发生变化，会引起地下水中某些物理化学组分及微生物含量发生变化，导致地下水内部失去平衡，从而使污染加剧。另外，施工中为改善土体的强度和抗渗能力所采取的化学注浆，施工产生的废水、洗刷水、废浆以及机械漏油等，都可能影响地下水质。

5. 控制技术发展情况

目前对施工现场污水的处理，主要体现在现场设置沉淀池，污水可经沉淀达标后排入市政管网。但沉淀池的有限空间可能在污水收集后还未来得及处理达标，就已排入市政管网，无形中造成了市政水污染，况且也没有一种科学合理的施工现场污水净化设备。收集池过大在施工现场相对狭小的空间又不现实，污水无法有效地收集，制约了污水的监测与处理。

目前雨水及基坑降水经沉淀后可在施工现场再利用，但施工污水种类、性质均有很大不同，其余污水再利用率几乎为零。

第二节　技术清单

施工现场污水控制技术清单见表 2-2-1。

施工现场污水控制技术清单　　**表 2-2-1**

序号	技术名称	类别	技术区分	使用建议
1	地下工程施工污水处理技术	防止	创新技术	■重要 □ 一般
2	施工区污水再利用技术	抑制	收集技术	■重要 □ 一般
3	富水易风化炭质页岩隧道污水处理施工技术	防止	创新技术	■重要 □ 一般

续表

序号	技术名称	类别	技术区分	使用建议
4	生活污水净化循环利用系统	抑制	收集技术	■重要 □ 一般
5	民用建筑项目中污水处理系统	防止	改良技术	□重要 ■ 一般

第三节 具体技术介绍

1. 地下工程施工污水处理技术

(1) 技术内容

1）理论和实验方法

地下工程开挖时，产生的施工污水主要污染物为石方爆破手风钻造孔产生的石粉，与地下渗水、施工供水混和、溶解后表现为悬浮物和少量油污。悬浮物不会自然降解，主要通过自然沉淀和絮凝沉淀后沿程浓度逐渐降低。因此处理这部分的生产污水主要目标是将污水中的悬浮颗粒除去，并消除少量油污，属物理化学方法。

地下工程开挖，循环施工污水必须抽排，方能正常进行下一循环的造孔。一般情况下发生如下物理化学过程：

① 污水通过污水泵抽至三级沉淀池或人工格栅进行处理，一般对于 0.1mm 以上的颗粒去除效果较好，属于自然沉淀。

② 较小颗粒（0.1mm 以下）经过调节池搅拌后加入絮凝剂 PAM 或 PAC、助凝剂作用后形成絮凝沉降。

絮凝剂在污水中形成高分子絮状物，经过中和、吸附、架桥等作用将水中含油污物去除，常用去油絮凝剂有聚合氯化铝和 COD。地下工程开挖产生的污水经过长距离抽排、三级沉淀池处理后，污水中悬浮物大部分为小颗粒泥沙，属高浊度水。相比之下，混凝沉淀方式可使小颗粒迅速聚集形成较大颗粒絮凝体从而达到促使胶体脱稳的目的。主要选用混凝沉淀的方式处理污水，处理主要设备为高效污水净化器，其他配套设备组装后构成污水处理系统。

2）施工工艺及设备选择、布置

生产废水经提升水泵送至污水处理系统调节池内，调节池内设搅拌器，用于均匀水质，待调节池内水位达到一定高度后，开启潜水泵将污水送至后续工艺设备中，在提升管道中设置加药混凝混合器，主要为污水加入药剂。污水经过混凝混合器的混合作用后进入高效污水净化器中进行化学反应和物理反应，逐步将泥水分离。最终分离出来的清水在高效污水净化器顶部排至清水池回用。污泥定期排至污泥池，然后由污泥泵送至压滤机进行压榨后外运至渣场，集中外运处置。其工艺流程见图 2-3-1。

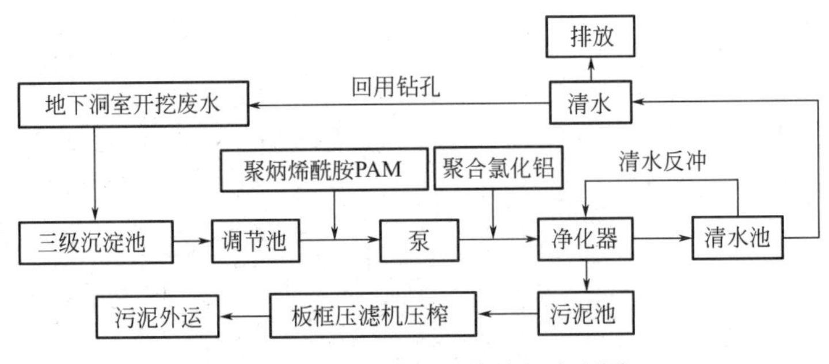

图 2-3-1　污水处理系统处理流程图

污水处理系统由三级沉淀池，调节池，加药间（污泥池、压滤机），高效污水净化器，清水池组成。平面布置见图 2-3-2，剖面布置见图 2-3-3。

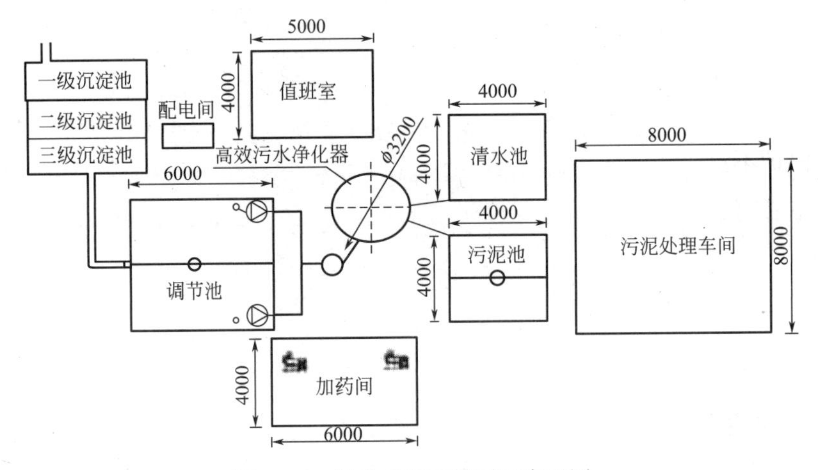

图 2-3-2　污水处理系统平面布置图

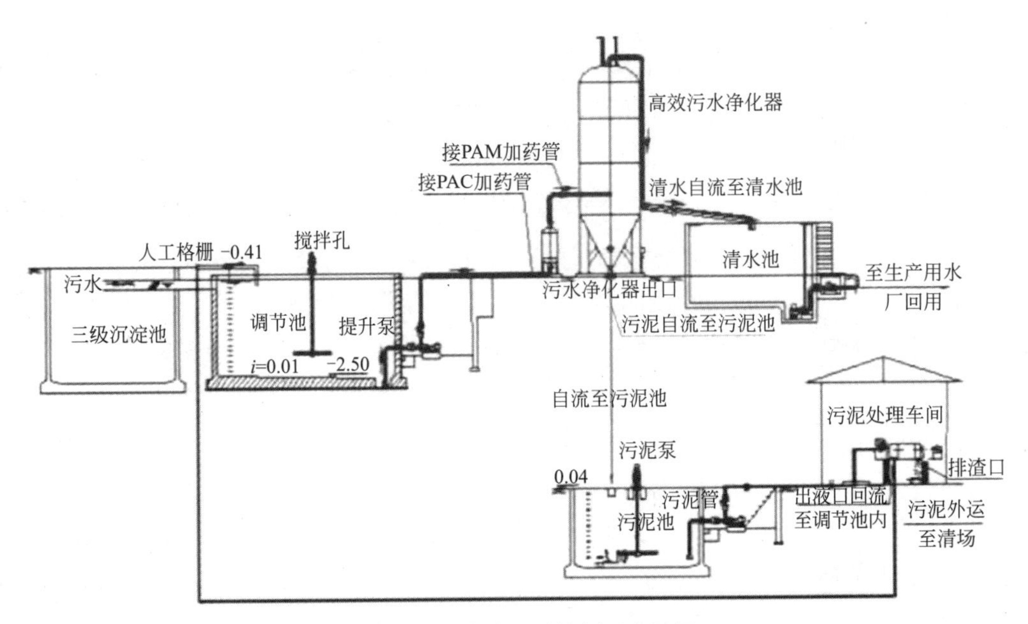

图 2-3-3　污水处理系统剖面布置图

(2) 技术要点

传统的地下工程开挖施工污水处理采用的三级沉淀池面积不大、污水流程短，污水中粗颗粒不能充分自然沉淀，处理效果很难符合排放标准。与传统的污水净化器相比，抽水蓄能电站污水处理系统在调节池前设置了三级沉淀池，通过自然沉淀方式处理了大颗粒泥沙，进入调节池中的污水基本为浑浊胶体，为后期混凝作用创造有利条件，同时也降低了投加絮凝剂量，减少了运行成本。

(3) 适用范围及效果

适用于有地下工程施工的工程。

施工企业一定要重视环境保护，重视施工废水处理后达标排放和回收利用。我国是水资源缺乏的国家，施工企业有责任也有义务保护国家水资源，因此，施工企业必须研究和推广应用污水处理技术，才能适应当今施工行业的发展。

施工污水处理后达标排放，是国家现阶段对施工企业在环境保护方面的严格要求，也是企业对建设方和社会的承诺，是国家也是国际大环境所趋。一个施工企业如果对环境保护不重视，施工污水随意排放，肯定会造成环境污染、居民投诉、受损害者索赔，也必将引起社会公愤，甚至受到法律的制裁，遭受破产和被淘汰。故传统的单独采用三级甚至多级污水沉淀池处理污水的技术已经淘汰，絮凝剂或助凝剂等快速高效地处理施工污水的药剂研究和推广应用必将是污水处理研究的方向，深蓄抽水蓄能电站污水处理系统正符合该发展方向。

2. 施工区污水再利用技术

(1) 技术内容

将施工区雨水，车辆清洗及防扬尘喷洒废水引至收集管网。经由三级沉淀中和储罐、砂滤水除氮净化槽、净化水供应泵站、水利用等系统，将施工废水和雨水共同收集、净化达到施工用水的质量标准。从而解决过去施工废水和雨水收集后未经净化，不能用于搅拌砂浆和管道冲洗等工程用水的问题，实现施工场地污水的循环利用。

其主要原理如图 2-3-4 所示：

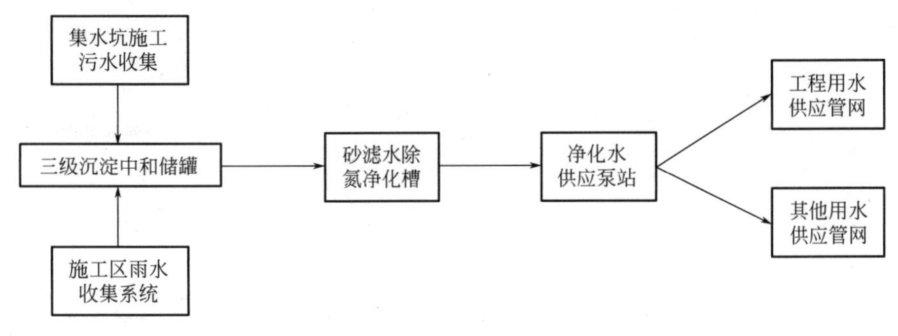

图 2-3-4　污水再利用原理图

此系统原理是将集水坑中积存的施工污水和雨水，通过收集系统引至成品三级净化储罐，经三级沉淀后颗粒杂物被处理，其中养护水中pH值为7～9的泵送剂与一般pH值为5～6的雨水中的少量二氧化硫所生成的亚硫酸进行中和，使储罐里水的pH值接近中性；夏季，将水抽出经过砂滤水槽让二氧化氮自动挥发；冬季，在砂滤水槽内种植耐寒水生植物吸收二氧化氮。

(2) 技术要点

对施工现场所有污水进行有组织收集是本技术的前提。通过截水沟、集水井等排水设施对施工现场所有污水进行收集，汇入进污水处理系统，通过污水处理系统净化处理后根据现场需求实现再利用，从而达到节约水资源，减少污水排放的目的。

处理后的污水根据再利用用途须进行检测，确保水质满足使用要求。如再利用于混凝土养护的污水，应经取样送检确保水质满足现行国家标准《混凝土结构工程施工规范》GB 50666的相关要求。

(3) 适用范围及效果

适用于所有工程。

针对于施工区域污水量较大且污染情况较轻微的项目，以上技术能很好解决水资源再利用的问题。通过截（排）水沟等构筑物，将山体雨水合理的引导、收集再利用，能较好地避免雨水散排而遭到二次污染。

3. 富水易风化炭质页岩隧道污水处理施工技术

我国隧道污水处理技术还不够成熟，本技术主要以万达城隧道污水处理的成功案例为例进行介绍。

(1) 技术内容

1）顺坡排水

顺坡段掌子面采用移动式集水坑通过水泵将污水抽至两侧水沟自然排水。

2）反坡排水

反坡排水，反坡排水系统按照多级泵站，大功率、低扬程、大流水量原则设计，采用“固定泵站＋固定集水坑＋移动集水坑”相结合的方式配置，以利于排水系统的可靠稳定运行。根据高差和水量大小，在洞一侧设置一级固定泵站，在斜井段设置两级固定泵站，利用大避车洞作为固定集水坑，掌子面采用移动式集水坑将污水抽至最近的固定集水坑，然后通过泵站分级抽至洞口三级沉淀池。每级固定泵站独立配置电力设施，并配置柴油发电机以备用，水泵按照一检一备配置，保证抽（排）水工作正常运转。

3）污水处理站（图2-3-5）

① $V=300m^3$ 钢筋混凝土初沉池

钢筋混凝土初沉池不设顶盖，在水池进水管处投加混凝剂，该池使用期间定期清淤，以确保其正常发挥初级沉淀的功能。

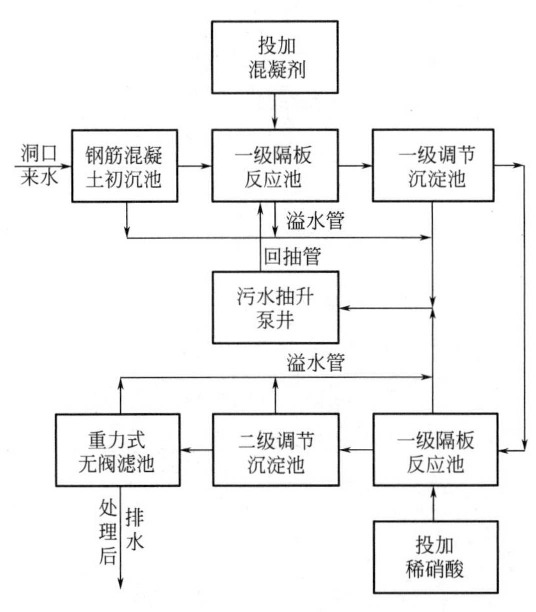

图 2-3-5　污水处理流程

② $Q=20m^3/h$ 隔板反应池

在水池进水管处投加混凝剂，该池使用期间定期清淤，以确保其正常发挥混凝反应功能。

③ $V=300m^3$ 污水调节沉淀池（2 座）

钢筋混凝土调节沉淀池分 2 格，每格可交替单独运行，使用期间及时除渣，定期排泥。第二座调节沉淀池加设波纹斜板。

④ 钢筋混凝土重力式无阀滤池

主要是对污水进行深度处理，处理能力为 $30m^3/h$，重力式无阀滤池内装有石英砂，须定期对无阀滤池的填充物石英砂进行反冲洗，以保证深度处理效果。

⑤ $V=25m^3$ 钢筋混凝土污水抽升泵井

钢筋混凝土污水抽升泵井处理构筑物排放的污水再经抽升泵井回流至反应池，处理后再排放，避免造成二次污染。

投加混凝剂是污水处理的关键工序，投药位置显得尤为重要。为了达到最佳效果，从污水处理站进水口取 4 组 2L 的水样进行试验，2 组水样呈静止状态，2 组水样呈流动状态，将 2g 和 4g 的混凝剂分别投入 4 组水样，观察混凝、沉淀效果，试验结果见表 2-3-1。

混凝、沉淀效果对比　　　　**表 2-3-1**

水样状态	混凝剂用量(g)	混凝、沉淀效果
静止水样 1	2	浑浊
静止水样 2	4	浑浊

得出结论：在投药量相同的条件下混凝、沉淀效果与污水的状态关系密切。因此，在投加混凝剂时，必须保证混凝剂与污水搅拌充分，结合现场实际情况，将投加混凝剂的位置定在洞口三级沉淀池，这样使得污水与混凝剂充分混合，达到较好的效果。

(2) 技术要点

隧道内每天的施工进度不尽相同，导致洞内污水的水质是动态变化的，虽然在洞口三级沉淀池投加混凝剂是最佳位置，但并不能确保污水中的悬浮物每次都能满足一级排放标准，因此在二级隔板反应池进水口处进行二次投加混凝剂。

投加漂白粉是为了对经过混凝、沉淀的污水进行消毒，保证外排的污水不会对河流造成污染，因此将漂白粉的投药位置定在二级隔板反应池进水口处。

投加硝酸是为了降低 pH 值，而漂白粉呈碱性，结合漂白粉的投加位置，只能将投加硝酸的位置定在钢架混凝土二级斜板调节沉淀池的出水口处。

投药配合比和时机的选择：

确定投药配合比要分三步：第一步，确定污水比重；第二步，确定混凝剂和漂白粉的用量；第三步，确定硝酸的用量。投药配合比见表 2-3-2。

投药配合比　　表 2-3-2

污水(m^3)	污水密度($g \cdot cm^{-3}$)	混凝剂(g)	漂白粉(g)	硝酸(g)
1	1.02	605.54	608.3	546.4

按照此配合比对污水进行处理，悬浮物为 57mg/L，pH 值为 7.5，满足一级排放标准。

隧道抽排污水为间歇性的，并非连续不间断抽排，两次抽水时间间隔约 4h，每次抽水约 244m^3，抽水时间为 15～16min，结合污水的混凝、沉淀试验效果，总结出：内抽一次水，投加一次药剂，并且必须在抽水结束前将药剂均匀地投加完毕，只有这样才能达到最佳效果。每次抽水投药量见表 2-3-3。

每次抽水投药量　　表 2-3-3

污水(m^3)	混凝剂(kg)	漂白粉(kg)	硝酸(kg)
244	147.75	148.43	133.32

(3) 适用范围及前景

适用于富水易风化炭质页岩隧道的污水处理。

目前我国在隧道设计过程中，对施工和运营期间污水的重视还不够，没有成熟的经验可以借鉴，本技术来源于万达城隧道污水处理的成功案例，有效地保护了当地水资源和环境，对今后类似工程的设计和施工提供参考。

4. 生活污水净化循环利用系统

(1) 技术内容

1）净化循环利用系统的设计

生活污水中有机类杂质较多，CODcr、BOD 均较高，且 BOD、CODcr 之值大于 0.4，生化性能较好，宜采用以生化为主的工艺处理，因污水量较大，生化处理采用一体化生活污水处理设备较为适宜。生活污水经过净化处理以后再配合循环利用系统形成一整套生活污水净化循环利用系统。该系统流程如图 2-3-6 所示。

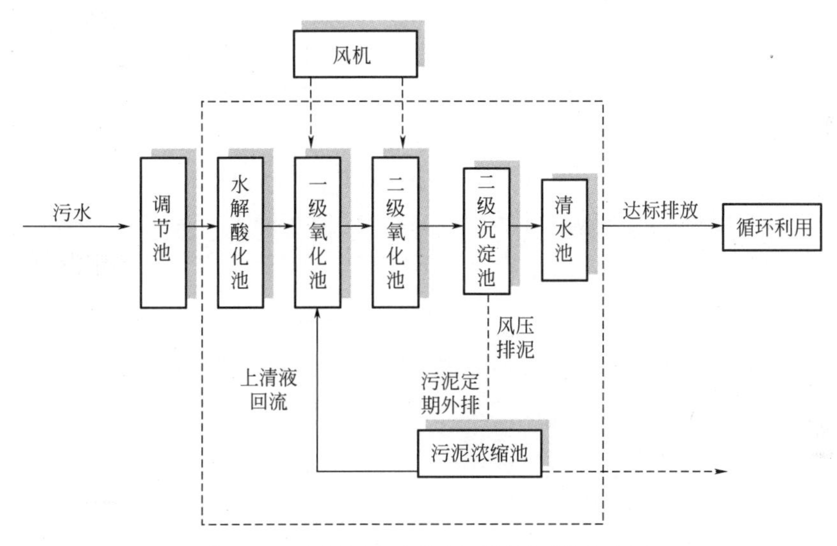

图 2-3-6　生活污水净化循环利用系统流程图

2）净化系统的实现

① 集水井、格栅、调节池

集水井的作用是沉淀废水中不溶于水的大杂质，收集污水并由提升泵及时送至调节池。格栅为固定式，材质为不锈钢网，用于去除水中大颗粒悬浮物和漂浮杂质。因生活污水排水量不均匀，高峰期水量大，影响设备正常运行，调节池起到收集储存污水的作用，同时起到污水初步沉降的作用。通过以上处理后可避免污水中的杂质对送水泵造成不利影响，也可为后边的生化处理减轻负荷。

② 水解酸化池

水解酸化池内装组合填料。废水在此池中在水解酸化微生物的作用下，大分子有机杂质水解酸化成小分子物质，有利于接触氧化池中好氧菌的分解。

③ 生化处理

本生化系统将接触氧化池、沉淀池、污泥池、风机房、消毒出水池等部分合成一体，其各部分具有相应功能，部分之间相互连接，最终使出水达标，如图 2-3-7 所示。

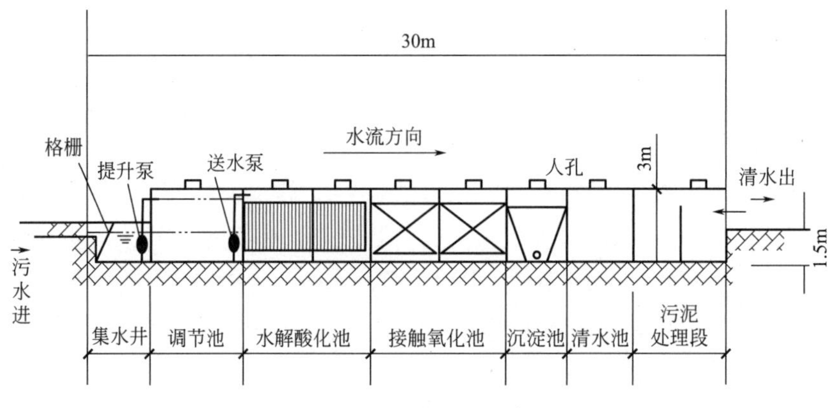

图 2-3-7　生化处理示意图

④ 防腐措施

设备箱体、污水管、污泥管等工艺管道采用镀锌管或经防腐处理的钢管，曝气管采用 ABS 管，以耐腐蚀。为延长设备及构筑物的使用寿命，采用环氧树脂漆防腐涂料对设备管道进行防腐，内外各涂三道。

⑤ 防噪声措施

在污水处理设备中，鼓风机噪声比较大，为此采取一系列措施降低噪声。首先，鼓风机进口均采用消声器进行消声；同时，在鼓风机基础下设置隔振垫，并在进出风管上装可曲绕接头以减少振动产生的噪声；然后，将鼓风机设置于独立的鼓风机房，对机房内壁进行防噪声处理。经过这一系列的措施，污水处理站外的噪声可降至 50dB 以下。

⑥ 电气控制

本污水处理设备采用电器编程集中自动控制，一旦自动控制失灵或变更使用工艺所需时，本系统可进行人工控制，以信号指示运行正常与否。为了减少操作工的劳动强度，并实行运行操作自动化，水泵、风机能自动切换。

生活污水净化循环利用系统现场施工图见图 2-3-8。

3）再利用系统的实现

生活污水在通过生化处理后已完成了零排放的第一步，要成为可再利用的回用水，须对此进一步深度净化，使水质达到规定标准，确保环境的整洁无污。

① 混凝沉淀

混凝沉淀是在混凝剂的作用下，使水中的液体和细微悬浮物凝聚成絮凝体，然后从水体中予以分离去除的过程。它既可降低原水的浊度、色度等水质观感指标，又可去除多种有毒有害的污染物。

② 过滤消毒

过滤是消毒工艺前的关键处理手段，即通过介质的表面或滤层截留水体中悬浮物

图 2-3-8　生活污水净化循环利用系统现场施工图

和其他杂质，对保证出水有十分重要的作用。生活污水中含有大量的细菌和病毒，一般的处理工艺不能将其全部杀灭，为确保水质的健康安全，防止疾病的传播，消毒杀菌是必不可少的工序（图 2-3-9）。

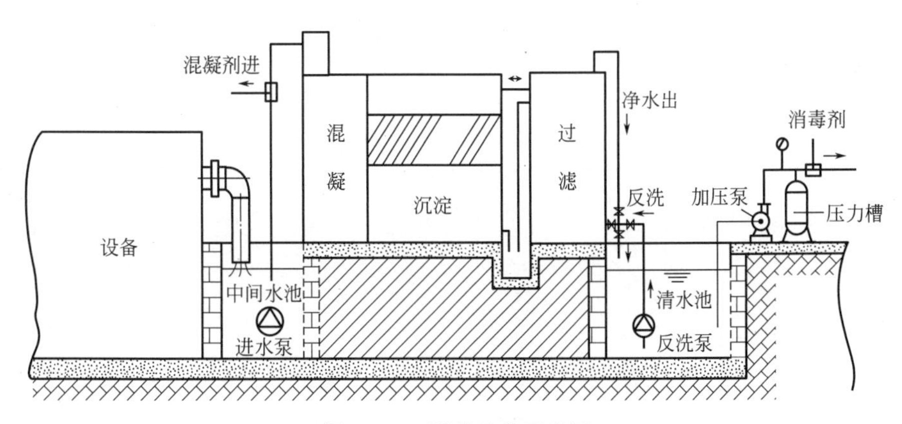

图 2-3-9　消毒杀菌示意图

③ 加压送水系统

经深度净化后的水进入清水池后，通过水泵加压由管网送至各用水点。回用水须铺设独立供水管网与自来水管网分离，避免发生混网的隐患。系统通过泵送将处理完的清水回流入屋顶水箱，再应用到日常生活用水中（图 2-3-10）。

（2）技术要点

通过采用该污水过滤循环系统，生活污水处理后的各项水质指标如表 2-3-4 所示。经处理后的水可供项目部生活区冲洗厕所，或冲洗场地、浇灌绿化，从而减少污水的排放，进而实现生活污水零排放，达到了绿色生态文明工地的要求。

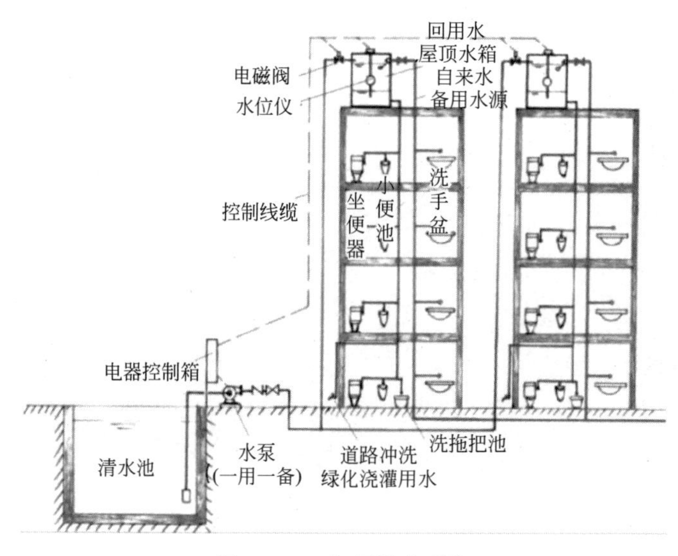

图 2-3-10 加压送水系统

生活污水处理后的各项水质指标 **表 2-3-4**

项目	处理前	处理后
CODcr(mg·L^{-1})	400	≤60
BOD_5(mg·L^{-1})	200	≤20
氨氮(mg·L^{-1})	50	≤15
SS(mg·L^{-1})	200	≤20
pH	6～9	6～9

从经济效益的角度看，该系统日处理污水 120t，不仅可为项目部每日直接节约成本 12420 元，同时为工程倡导绿色施工、创建文明工地和节约型工地打下了坚实的基础。

(3) 适用范围及效果

适用于所有施工现场生活污水处理。

本污水过滤循环利用系统具有以下优势：

1）整套设备系统半埋式布置，占地面积小，尤其适合场地狭小的工程。

2）生活污水经过本套系统处理后，其水质已经可以循环再利用。可节约总水量约 50%，节水效果显著。

3）生化处理效果显著。从集水井的污水初步固液分离，再经过添加混凝剂的物理及化学处理，最后通过压滤机实现整个污水处理流程。此系统处理施工污水能力行之有效，使处理后水质达到城市污水排放标准。

4）运行成本低、操作流程简单。此系统所使用的设备价格都相对较低，运行成本低，节省资源。

5）处理效率高。具有持续工作性强、寿命长、出泥含水量较低、工作稳定、能耗少、运行噪声较小等优点。

5. 民用建筑项目中污水处理系统

以某民用工程为例介绍此技术。该民用工程共有 7 栋楼，共设计采用 3 套污水处理系统，1 号、3 号、5 号楼用 1 套 389.45m^2/d 的污水处理系统，2 号、4 号、6 号污水用 1 套 389.45m^2/d 的污水处理系统，医疗站用 3m^3/d 的污水处理系统。

（1）技术内容

1）设计工艺

① 污水处理工艺采用的是 A/O 生物接触氧化处理法，这种方法能够去除有机物，且有较好的脱氮效果，效果稳定。

② 阀门运用砖混结构。

③ 格栅井、调节池运用钢筋混凝土结构调节池内安装穿孔管空气搅拌装置，以免有污泥沉淀。风机房采用钢结构，采用地埋式封盖型并且设置两台风机。

④ 混凝土强度等级为 C30，抗渗等级为 S6，泥土采用块石填层，在填充时采用 C15 的素混凝土找平。钢筋保护层壁板为 20mm，板底为 20mm，池底内外 10mm，用 1∶2 的水泥砂浆找平粉刷。

工程现场施工图见图 2-3-11。

图 2-3-11　工程现场施工图

2）施工条件及要求

此项工程在施工时处于夏秋季节，降水严重，施工场地平整，有电缆预埋管、消防管等，施工要求总工期为 60d，污水经过处理后要达到《污水综合排放标准》GB 8978—1996 一级标准后，接入城市污水管网；达到《城镇污水处理厂污染物排放标准》GB 18918—2002 中一级排放标准的 B 标准后再排放；在施工过程中不能对周围环境产生污染，不允许出现噪声，施工过程中不允许出现安全事故。

3）工程难点及重点

由于此项工程基坑较深，一体化设备精度要求高，而且根据实际情况表明，2号楼南侧污水处理系统与1号配电房之间的距离不超过2m且在污水处理系统内管道极其复杂。施工过程中降雨频繁，基坑易出现积水，污水处理系统的周边有燃气管、消防管等，对这些设施的保护也有难度。因一体化设备体积大、自重轻，安装时必须将基坑内积水全部排放，而雨水排放点距离基坑较远，不易排放积水。

(2) 技术要点

1）强化管道周边总体规划

在民用建筑污水排放系统设计时，对管道系统及其周边进行整体规划，包括工艺布局的合理性、广场的适宜性、人行通道的清晰度、人流的交叉性以及公用建筑的布置等方面，按照功能分区合理、简单快捷、便利、风向、地形等原则进行分工布局。在对厂区民用建筑管道布置时，要充分考虑生态绿化问题和景观绿化问题，改善厂区周围环境，减少空气污染。建筑设计遵循"环境、空间、形式"三者统一原则的基础上进行设计施工，对管道周边整体规划时，要符合实际，符合逻辑。

2）明确各行业之间的关系

由于民用建筑污水排放管道系统工程难度大、涉及范围广，在管道设计到管道铺设以及投入使用这一整个施工过程中，会涉及许多领域，包括：地理学、建筑学、力学、设计等各个方面的知识。在管道铺设施工过程中，要求与项目有关的所有企业在工作过程中要以整体为出发点，所有项目决定不允许企业各行其是，在整个施工过程中企业间要重视协调，各个专业的企业在重要事宜决定时要无一缺席，参与商讨，明确组织内的各有关要素的综合才是工程质量优劣的关键，各工作专业企业要严格执遵守工程施工条例。

(3) 适用范围及效果

适用于所有施工现场污水处理。

综上所述，通过对某市在民用建筑污水处理工程概况进行详细分析后发现：我国在污水处理系统工程建设方面还存在许多问题，由于管道设计不合理、管道周边规划不合理、各行业没有明确关系等各种问题严重阻碍我国在污水处理方面的进展。污水处理不当，会导致我国水体污染严重，减少水资源的储存量。只有加强管道设计，强化管道周边总体规划，明确各行业之间的关系才能促进我国在水污染处理方面有所成就，才能保证我国水资源不被污染，并且水资源能得到合理利用。

第四节　技术发展导向及趋势

1. 具有脱氮除磷功能的污水处理工艺仍是今后发展的重点

《城镇污水处理厂污染物排放标准》GB 18918—2002对出水氮、磷有明确的要求，因此已建城镇污水处理厂需要改建，增加设施去除污水中的氮、磷污染物，达到国家规定的排放标准，新建污水处理厂则须按照标准《城镇污水处理厂污染物排放标准》GB 18918—2002 来进行建设。目前，对污水生物脱氮除磷的机理、影响因素及工艺等的研究已是一个热点，并已提出一些新工艺及改革工艺，如 MSBR、倒置 A2/O、UCT 等，并且积极引进国外新工艺，如 OCO、OOC、AOR、AOE 等。对于脱氮除磷工艺，今后的发展要求不仅仅局限于较高的氮磷去除率，而且也要求处理效果稳定、可靠、工艺控制调节灵活、投资运行费用节省。目前，生物除磷脱氮工艺正是向着这一简洁、高效、经济的方向发展。

2. 高效率、低投入、低运行成本、成熟可靠的污水处理工艺是今后的首选工艺

面对我国日益严重的环境污染，国家正加大力度进行污水的治理，而解决城市污水污染的根本措施是建设以生物处理为主体工艺的二级城市污水处理厂。但是，建设大批二级城市污水处理厂需要大量的投资和高额的运行费用，这对我国来说是一个沉重的负担。而目前我国的污水处理厂建设工作，则因为资金的缺乏很难开展，部分已建成的污水处理厂由于运行费用高昂或者缺乏专业的运行管理人员等原因而不能正常运行，因此对高效率、低投入、低运行成本、成熟可靠的污水处理工艺的研究是今后的一个重点研究方向。

3. 对产泥量少且污泥达到稳定的污水处理工艺的研究

目前，污水处理厂产生的污泥处理也是我国污水处理中的重点和难点。2003 年中国城市污水厂的总污水处理量约为 95.9562×10^{8}t/a，城市平均污水含固率为 0.02%，湿污泥产量为 965.562×10^{4}t/a，并且污泥的成分很复杂，含有多种有害有毒成分，如此产量大而且含有大量有毒有害物质的污泥如果不进行有效处理而排放到环境中去，会给环境带来很大的破坏。

目前，我国污泥处理处置的现状不容乐观。据统计：我国已建成运行的城市污水处理厂，可对污泥经过浓缩、消化稳定和干化脱水处理的污水处理厂仅占 25.68%，不具有污泥稳定处理的污水处理厂占 55.70%，不具有污泥干化脱水处理的污水处理厂约占 48.65%。这说明我国 70%以上的污水处理厂不具有完整的污泥处理工艺，而对此问题进行解决的一个有效办法是：污水处理厂采用产泥量少且污泥达到稳定的污水处理工艺控制工程网版权所有，这样就可以在源头上减少污泥的产生量，并且可以得到已经稳定的剩余污泥，减轻后续污泥处理的负担。目前，我国已有部分工艺可做到这一点，如生物接触氧化法工艺、BIOLAK 工艺、水解—好氧工艺等，但是对产泥量少、且污泥达到稳定的污水处理工艺的系统研究还没有开始。

4. 因地制宜，组合多种技术

针对复杂的施工现场和施工过程，单一的、自始至终的污水控制技术显然是不科学的，未来污水控制技术势必是多种技术的组合，协同控制。但组合的前提一定是因地制宜。

5. 加强管理与控制

通过智能化手段，有效地监控污水排放是否达标，并有针对性地采取一系列控制措施，最终将污水控制在扩散之前。

第五节　技术发展的建议

1. 基本技术强制推广

效果好、成本低、适用性强的污水控制技术或者措施，如沉淀池、截（排）水沟等技术，可以采取强制手段在绿色施工项目中全面普及、推广实施，最终成为施工现场常态技术。

2. 创新技术推荐鼓励使用

对污水处理效果好的创新技术，可以采取定期公布推广目录，使用宣传、示范、网络推荐等多种手段进行传播，推荐和鼓励绿色施工项目使用。

3. 集成、系统技术研发同步进行

在积极推广成熟的污水控制技术同时，对于前文提到的多功能、智能化等技术发展趋势的集成化、系统技术的研发应同步开展，逐步提高污水处理的效率和效果，以满足现代化施工对施工污水控制的更高要求。

4. 加强技术参考书籍的编写与发行

目前市场上可供参考的绿色施工技术书籍非常少，很多施工人员反映无书可参考，因此好的技术也得不到普及和推广。所以，加强绿色施工相关技术参考书籍的编写与发行，特别是已经成熟的、具有推广价值的技术要得以普及，最快捷的方式就是通过出版书籍传播。

5. 配套管理手段和监控技术协同发展

绿色施工技术从来不是独立存在的，配套的管理手段和监控技术必须协同发展，形成一个整体才能共同推动现代化绿色施工的发展。

6. 完善政策引导和激励制度

目前绿色施工技术的应用和推广几乎全靠企业和施工现场项目部的自觉，但是积极性是间断的，不能彻底保证绿色施工的有序进行，所以在其发展历程上，政策的引导和激励必不可少。

7. 加强现场监管，加大处罚力度

绿色施工已实施多年，事实证明：施工污水是可以被控制在一定程度内的，因此，适度的监管是必要的。为了实现这一目的，可以借助信息化监控手段对现场污水进行监控，制定污水排放限额，对超额排放且并不积极采取污水处理措施的施工现场和企业给予一定力度的处罚。

第三章

施工现场噪声控制技术

第一节　概述

1. 基本情况

随着社会经济科技的发展，环境问题已被国际社会公认是影响 21 世纪可持续发展的关键性问题，而噪声污染更是成为 21 世纪首要被攻克的环境问题之一。人类社会在进步，科技在发展，人们的环境意识也在不断增强。近几年来，在噪声控制领域，无论在技术上，还是在政策管理方面，都有长足的进步，效果非常显著。

人的生活、工作都离不开声音。我们从日常的生活中可以体会到声音有 3 个表征量：音量的大小、音调的高低、音色的不同。这些都与声音的物理特性密切相关。对于声音，有些是人们需要的、想听的，如语言上的互相交谈或是音乐欣赏；而有些声音则是工作中、生活中不想听的，这些声音被称为“噪声”。根据国家标准《建筑施工场界环境噪声排放标准》GB 12523—2011 的术语规定，建筑施工噪声是指：建筑施工过程中产生的干扰周围生活环境的声音。该标准同时规定：建筑施工过程中场区环境噪声白天不得超过 70dB（A），夜间不得超过 55dB（A）。

从 20 世纪 70 年代到 20 世纪 90 年代，噪声控制技术日益成熟，目前世界上常用的噪声控制技术有消声、吸声、隔声、隔振阻尼等，主要对噪声的声源、噪声传播途径及接收点进行控制和处理，可分为降低和减少噪声源或振动源、吸收或反射传播中的声能等类型。从噪声源和振动源上进行噪声控制，既是最积极主动、有效合理的措施，也是建筑施工中噪声控制的努力方向之一。通过对全国多个工程进行调查，目前施工现场主要噪声控制技术共计 8 项，按照技术区分共划分为“收集技术”、“改良技术”和“创新技术”等部分（表 3-1-1）。

施工噪声控制技术清单（一）　　表 3-1-1

序号	技术名称	控制技术形式	技术区分
1	混凝土绳锯切割技术	降低与减少	收集技术
2	设备隔振技术	降低与减少	改良技术
3	隔声棚运用技术	吸收与反射	创新技术
4	隔声屏运用技术	吸收与反射	创新技术
5	吸声材料应用技术	吸收与反射	收集技术
6	设备消声器	吸收与反射	改良技术
7	绿化降噪	吸收与反射	收集技术
8	噪声智能监控技术	——	收集技术

2. 施工噪声的来源

噪声是声的一种，它具有声波的一切特性，主要来源于物体的振动。通常我们把能够发声的物体称为声源，产生噪声的物体或机械设备称为噪声源，能够传播声音的物质称之为传声介质。

（1）机械运转产生噪声

施工机械在运转时，物体间的撞击、摩擦、机械力作用下的金属板、旋转机件的动力不平衡，以及运转的机械零件轴承、齿轮等都会产生机械噪声，如混凝土输送泵、塔式起重机、施工电梯等产生的噪声（图 3-1-1）。

图 3-1-1　机械运转产生噪声

（2）气体动力流动产生噪声

叶片高速旋转或高速气流通过叶片，会使叶片两侧的空气发生压力突变，激发声波，如通风机（图 3-1-2）、鼓风机、发动机以及起重机等迫使气体通过进、排风口时传出的声音，此为气体动力性噪声。

图 3-1-2　通风机运转产生噪声

（3）交通工具行驶产生噪声

进入施工现场的汽车是活动的噪声源，汽车噪声除喇叭外，主要来自发动机、冷却风扇、进排气口、轮胎等（图 3-1-3）。

图 3-1-3　交通工具行驶产生噪声

(4) 电磁振动产生噪声

电磁性噪声是由电磁振动、电动机等的交变力相互作用产生的噪声。施工现场主要由鼓风机、空压机、破碎机、柴油机、木工加工机械以及发电动机、水泵运行等产生（图 3-1-4）。

图 3-1-4　水泵运行产生噪声

(5) 施工活动时机械及材料碰撞产生噪声

施工噪声除了机械噪声、气体动力性噪声、交通噪声和电磁性噪声外，更多的噪声来自施工活动，如场地清理、开挖土方、混凝土输送和振捣、钢筋加工、脚手架搭设、材料装卸和运输、装修工程以及机电安装等（图 3-1-5）。

(6) 人为噪声

现场施工人员的活动噪声，主要指在现场生活的人员高声说话、使用电气设备、生活作业等产生的噪声。

图 3-1-5 施工作业产生噪声

（7）其他噪声

特殊施工作业，如爆破、拆除等产生的爆炸声、敲击声等。

3. 施工噪声的特点

建筑施工噪声通常具有阶段性、声源频率复杂、声源位置不固定、非稳态、规律性差、多声源混合、接近居民区、夜间施工扰民严重等特点。

（1）阶段性

建筑施工一般都是分阶段进行的。随着技术水平和施工效率的提高，施工周期越来越短，各阶段区分不十分明显，甚至经常混合，但总体来说可以把施工过程分为土石方阶段、打桩阶段、结构阶段和装修阶段四个部分。由于每个阶段的主要噪声源不同，因此产生噪声及噪声所带来的影响程度、范围也不同，适用的噪声标准限值也不同。阶段性的施工特点，决定了施工噪声污染的阶段性。

（2）声源频率复杂

建筑施工活动随着时间推移，施工工序不断更替，施工涉及的主要施工机械会不断变化。不同施工机械产生的噪声在强度以及特性方面存在差异。比如，挖土机等机械噪声低频较多，传播较远；而金属切割机械噪声高频占主要地位，听起来比较刺耳。除此之外，施工现场还夹杂着一些工人的呼喊声，金属材料撞击声、敲击声等，这些噪声的频谱又都具有各自的特征，给人的感受也是不一样的。

（3）声源位置不固定

施工现场内既有固定声源，又有移动声源。有的机械在施工规划之初，就确定了主要工作位置，可通过搭建隔声棚减缓噪声影响；但有的机械根据工作的需要，要不断变换位置，部分移动机械的移动路线并不确定，而且随着建筑项目的高度不断增加，作业面上噪声源位置不断升高，噪声传播范围更广，这些噪声很难通过常规降噪措施来缓解。

(4) 非稳态、规律性差

从施工活动整体来看，机械并非时刻运转，是以施工需要为前提。机械噪声与工作内容、机械新旧程度等有关，位置移动、动力增减等都会影响到噪声水平。此外，建筑施工过程中打桩机、电锯、振动棒等机械作业往往使整个建筑施工场界间断性噪声陡然加大，呼喊声、撞击声等也具有突发性，并无规律可循。

(5) 多声源混合

建筑施工场地内多种机械同时工作的情况经常存在，再加上人声、撞击声等，多种声源混合难以区分。此外，建筑施工场地紧邻道路的情况也经常存在，建筑施工噪声与交通噪声混合在一起的情况也经常存在，周围的居民可以明确感受到道路噪声与施工噪声的不同，但是利用噪声监测设备，如果不考虑频谱，无法区分这二者的不同，也就不能准确评价建筑施工噪声的影响。

(6) 接近居民区，夜间施工扰民严重

建筑施工与城市发展密切相关，拆迁重建使得人群密集区域进行建筑施工的情况经常存在，甚至紧邻居民区。由于某些施工工艺的需要，夜间连续施工的情况时有发生，除此之外，为了赶工期而进行的夜间施工活动屡禁不止，严重影响周围居民的生活。

4. 施工噪声的危害

建筑施工生产过程中产生的噪声具有杂乱无章、频调各异的特点。长期处在这种噪声环境中，不仅影响人的正常生活、降低工作效率，严重时还会对人员听觉系统造成损害、引发各种疾病。

(1) 施工噪声影响正常生活

研究表明：噪声达到45dB以上就会对正常人的睡眠产生干扰，使人不能安静睡眠或者使人惊醒。特别是对老人、病人、神经衰弱者的干扰更为明显。此外，施工噪声还会影响施工场地附近居民的正常交流、学生听课等。

(2) 施工噪声降低工作效率

在嘈杂的环境中，人们心情烦躁，注意力难以保持集中。噪声越是嘈杂、强烈，越会影响建筑施工场地周边工作人员，导致其出现差错，降低工作效率。

(3) 施工噪声影响身体健康

1）影响周边居民身体健康

噪声的恶性刺激，不仅会对人员听力造成损坏，还会严重影响人的睡眠质量，并会导致头晕、头痛、失眠、多梦、记忆力减退、注意力不集中等神经衰弱症状和恶心、欲吐、胃痛、腹胀、食欲呆滞等消化道症状。孕妇长期处在超过50dB的噪声环境中，会使内分泌腺体功能紊乱，出现精神紧张和内分泌系统失调。严重的会使血压升高、胎儿缺氧缺血，导致胎儿畸形甚至流产。而高分贝噪声能损坏胎儿的听觉器官，致使胎儿部分听觉区域受到影响，影响大脑的发育，导致儿童智力低下。同时，营养学家研究发现：噪声还能使人体中的维生素、微量元素等必须的营养物质的消耗量增加，影响健康；噪声令人肾上腺激素分泌增多、心跳加快、血压上升，容易导致心脏病发作；同时，噪声可使人的唾液、胃液分泌减少，胃酸降低，从而患胃溃疡和十二指肠溃疡。

2）影响现场施工人员健康

科学研究表明：如果一定数量的人员长期在 95dB 的噪声环境里工作，大约有 29%的人员会丧失听力；即使噪声只有 85dB，也有 10% 的人员会发生耳聋；120～130dB 的噪声能使人感到耳内疼痛，更强的噪声会使听觉器官受到损害。在神经系统方面，强噪声会使人出现头痛、头晕、倦怠、失眠、情绪不安、记忆力减退等症状，脑电图慢波增加，植物性神经系统功能紊乱等；在心血管系统方面，强噪声会使人出现脉搏和心率改变，血压升高，心律不齐，传导阻滞，外周血流变化等；在内分泌系统方面，强噪声会使人出现甲状腺功能亢进，肾上腺皮质功能增强，基础代谢率升高，性机能紊乱，月经失调等；在消化系统方面，强噪声会使人出现消化功能减退，胃功能紊乱，胃酸减少，食欲不振等。因此职业性耳聋是国家规定的施工现场常见的职业病之一，其危害可见一斑。

5. 控制技术发展情况

只有当噪声源、介质、接收者三个因素同时存在时，噪声才对听者形成干扰，因此，控制噪声必须从这三个方面考虑。控制噪声的原理是：在噪声到达耳膜之前，采取阻尼、隔声、吸声、个人防护和环境布局等措施，尽力降低声源的振动，或者将传播中的声能吸收掉，或者设置障碍，使声全部或部分反射出去。而前文已经提到，从噪声源和振动源方面进行噪声控制，是最积极主动和有效合理的措施。施工现场噪声控制技术主要包括以下几类：

（1）使用低噪声机械设备

近年来，很多设备生产企业通过改进机械设备结构、应用新材料降噪，取得了不错的效果。如，把风机叶片由直片改为弯片，生产的新设备可降低噪声 10dB。在施工中选用低噪声环保型设备，是治理噪声源的主要措施之一。

（2）改革工艺和操作方法

也是从声源上降低噪声的一种途径。在建筑施工中，用压力打桩机（图 3-1-6）取代柴油打桩机，可降低噪声 50dB 以上。

（3）应用隔声构件

应用隔声构件将噪声源和接收者分开，隔离噪声在介质中的传播，从而减轻噪声污染程度。在建筑施工中，将重点噪声设备和作业置于隔声棚或房内（图 3-1-7），大

图 3-1-6　压力打桩机

大削弱噪声传出的力度，达到降噪的目的。

图 3-1-7　降噪隔声棚

(4) 使用吸声功能的材料

使用有吸声功能的材料，对室内噪声较大且有人在作业的区域进行吸声处理，降低室内混响声。在施工现场，主要在木工加工棚、现场钢筋或钢结构加工间等有噪声影响的室内，对其顶板（图 3-1-8）、墙面作吸声处理，降低室内噪声，保护室内作业人员健康。

图 3-1-8　穿孔石膏板降噪

(5) 运用消声措施，从源头降噪

消声器是一种在允许气流通过的同时，又能有效地阻止或削弱声能向外传播的设备。对于施工设备的通风管道、排气管道等噪声源，在进行降噪处理时，兼顾采用消声技术，将达到更佳的降噪效果。

(6) 隔振也是降噪的有效措施

声音是由声源振动而产生的，故物体的振动也会产生噪声。对于振动产生的固体声，一般采用隔振措施。常见的隔振器主要有金属隔振器、橡胶隔振器、空气橡胶隔振器（图 3-1-9）等。对于施工现场的一些大型机械而言，隔振处理也是降低机械噪声的一个关键环节。

图 3-1-9　空气橡胶隔振器

上述（1）、（2）、（6）属于降低与减少噪声源或振动源措施；（3）、（4）、（5）属于在传播中吸收或反射声能措施。总体来说隔声是目前施工现场控制噪声最常用的手段。常规施工噪声控制措施见表 3-1-2。

常规施工噪声控制措施　　表 3-1-2

噪声排放源	推荐的控制措施
机械设备	隔声隔振、优化设备、吸声
货车行驶	禁止鸣笛、减缓速度、平整道路
各类风机	消声器
施工活动	隔声棚、隔声屏、绿化带
人为噪声	管理措施、隔声、吸声
其他噪声	隔声、新技术运用

通过对全国多个工程进行调查，目前施工现场主要噪声控制技术共有8项：混凝土绳锯切割技术、设备隔振技术（属于降低噪声源或振动源措施）、隔声棚运用技术、隔声屏运用技术、吸声材料应用技术、设备消声器、绿化降噪技术（属于吸收和反射声能措施）、噪声智能监控技术（属于集成措施）。

第二节　技术清单

施工噪声控制技术清单见表3-2-1。

施工噪声控制技术清单　　　　**表3-2-1**

序号	技术名称	类别	技术区分	使用建议
1	混凝土绳锯切割技术	降低与减少	收集技术	■重点 □ 一般
2	设备隔振技术	降低与减少	收集技术	□重点 ■ 一般
3	隔声棚运用技术	吸收与反射	收集技术	■重点 □ 一般
4	隔声屏运用技术	吸收与反射	收集技术	□重点 ■ 一般
5	吸声材料应用技术	吸收与反射	收集技术	■重点 □ 一般
6	设备消声器	吸收与反射	收集技术	□重点 ■ 一般
7	绿化降噪技术	吸收与反射	收集技术	□重点 ■ 一般
8	噪声智能监控技术	—	创新技术	■重点 □ 一般

第三节　具体技术介绍

1. 混凝土绳锯切割技术

（1）技术内容

绳锯切割施工是一种先进的混凝土结构切割分离技术，这种混凝土切割工艺过程是由电动机带动直径为11mm带有金刚石锯齿的钢线围绕切割物高速旋转进行切割，切割机通过导向轮改变钢线方向，可进行任意方位、任意厚度、任意角度的混凝土切割。该工艺可在复杂、特殊、困难环境下切割（如狭窄空间、水下等），且切割件大小可随意控制，施工作业速度快，切割件切口平直光滑，吊运方便、噪声低、无振动、无粉尘、无废气污染，符合环保需求。特别是对超大体积的混凝土结构拆除，绳锯切割法具有其他任何方法都无法相比较的技术优势。绳锯法属静力切割，对切割件需保留部分无损伤，操作安全性高；对环境无破坏，具备技术稳定性，动力强劲；提高了切割能力和劳动生产率，已在结构改造和加固工程中广为使用。与传统拆除方法相比，其有很多特点，见表3-3-1。

绳锯切割特点 表 3-3-1

拆除方法	特点
人工风镐拆除	安全度高，但受天气影响大，对施工现场用电负荷要求高，且工期太长
机械拆除	采用挖机拆除，但振动大、噪声大
爆破拆除	爆炸压力瞬间释放，工期短。适合空旷场地的建筑物整体拆除，但在闹市区、建筑物密集区，振动幅度大，对现有结构、周围建筑物及地下设施带来极大影响，且产生飞石，危及街道行人安全
绳锯切割拆除	降低了劳动强度，操作安全可靠。具有过载保护功能，动力强劲，提高了切割能力和劳动生产率。噪声低、无粉尘、操作简便

1）绳锯切割设备的组成

主要有运动系统（驱动装置）、进给系统（进给装置）、张紧装置、紧夹装置、导向装置、锯弓板框架、切割框架、控制系统、液压动力源系统等，如图 3-3-1 所示。

图 3-3-1 绳锯及其现场切割示意图

2）技术工作流程

由液压动力提供压力油供液压系统使用。首先由紧夹装置将金刚石串珠绳锯固定在混凝土结构待切割位置，通过液压系统使张紧装置工作，使串珠绳保持一定的工作张紧力；然后驱动装置、进给装置开始工作，对混凝土进行切割。在主运动系统中，压力油带动驱动电动机高速旋转，电动机带动主动轮高速旋转，使张紧的金刚石串珠绳做循环运动，实现其沿切向进给运动；同时在进给系统中，进给用的低速电动机带动升降机的丝杆转动，带动锯弓板框架作直线运动，实现串珠绳在工作过程中始终处于张紧状态，保证切割所需的张紧力（图 3-3-2）。

（2）技术要点

在采用了机械化切割设备进行施工后，工作效率较以往的人工凿除有了大幅度的提高，同时缩短工期。

施工机械化程度高。在以往的混凝土拆除过程中，需要使用大量的人工配合空压

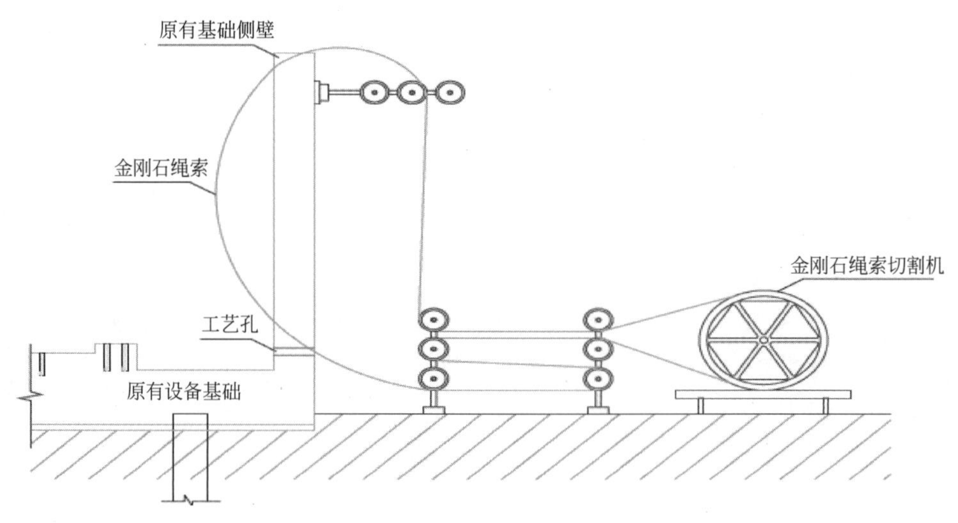

图 3-3-2 绳锯切割技术原理图

机、风镐进行凿除。采用本技术，可实现一台切割设备只需配置 2～3 人便可完成计划工作量。例如：一个截面积为 $10m^2$、体积为 $10m^3$ 的混凝土结构，使用绳锯切割仅需要 10h。

绳锯切割技术可以降低劳动强度，其操作安全可靠，具有过载保护功能，动力强劲，提高了切割能力和劳动生产率，是拆迁、拆除施工项目使用的先进设备（图 3-3-3）。线性切割可以使施工截面更加整齐；也由于它能够成倍提高工作效率、缩短施工工期，进一步降低劳动力成本、提高竞标优势、扩大所能接受施工工程的规模；液压系统自身的安全、可靠和稳定性，极大地降低了施工设备的损耗成本。另外，类似绳锯切割这种静力切割已逐步成为一种施工和设计理念，因为它可以最大程度地保存已有结构的稳定性和安全性，可完全替代强击凿破或钻机排孔的传统施工方式。

图 3-3-3 混凝土绳锯切割机

本技术具有噪声低、无粉尘、无废气污染，传统工艺无法比拟的优越性。

(3) 适用范围及效果

本施工技术适用于混凝土构筑物整体无损切割拆除施工，尤其适用地处城市闹市区、周围建筑物密集区深基坑水平临时支撑体系拆除。此外还适用于各种钢筋混凝土桥梁、桥台、桥墩和基础的切割拆除，地铁站、核电站等对施工所产生的振动和噪声有特别要求的建筑物切割拆除。

2. 设备隔振技术

(1) 技术内容

隔振是通过降低振动强度来减弱固体声传播的技术。振动是一种周期性往复运动，任何一种机械都会产生振动，而机械振动产生的主要原因是旋转或往复运动部件的不平衡、磁力不平衡和部件的相互碰撞。

振动和噪声有着十分密切的联系，声波就是由发声物体的振动而产生的。当振动的频率在20Hz～2kHz的声频范围内时，振动源同时也是噪声源。振动能量常以两种方式向外传播而产生噪声，一部分由振动的机器直接向空中辐射，称之为空气声；另一部分振动能量则通过承载机器的基础，向地层或建筑物结构传递。在固体表面，振动以弯曲波的形式传播，因而能激发建筑物的地板、墙面、门窗等结构振动，再向空中辐射噪声，这种通过固体传导的声叫固体声。

在设备与基础之间安置由弹簧或弹性衬垫材料（如橡胶、软木等）组成的弹性支座，变原来的刚性连接为弹性连接，由于支座受力可以发生弹性变形，起到缓冲作用，便减弱了对基础的冲击力，使基础产生的振动减弱；并且由于支座材料本身的阻力，使振动能量消耗，也减弱了设备传给基础的振动，从而使噪声的辐射量降低，这就是设备减振降噪的基本原理。

在施工现场使用的振动大型设备，如输送泵、水泵、风机等的基础下增加隔振措施，降低设备运行时的振动，从而起到降噪的作用。

特别是当受场地影响，相关设备需要安装在地下室顶板或结构楼板上时，采取必要的隔振措施，不仅可以减振降噪，同时对防止建筑物开裂变形，避免人体不良感受有积极作用。

(2) 技术要点

隔振措施材料成本低，安装更换简单，可节约工时。

隔振垫具有安装方便，可裁剪成所需大小并重复使用，以获得不同的隔振效果、便于更换等优点。

隔振降噪技术已经广泛应用于机械工程、设备安装工程、船舶工程等，通过弹性支座减弱设备间的冲击力，消耗振动能量，从而降低设备间冲击产生的噪声声级。

可有效地降低振动设备在工作时与基础冲击过程中产生的噪声污染。

(3) 适用范围效果

适用于施工现场有周期性往复运动的机械设备。对于机械设备的隔振，在降噪的同时，能保护操作人员不受振动和噪声危害，保护设备基础及其下部结构不被破坏，具有积极的意义。但目前广泛使用的隔振垫，应该只会在短期内存在，不久之后，用于施工现场的设备应该自带减振装置，升级为环保低振型设备。

3. 隔声棚运用技术

(1) 技术内容

对局部固定使用的高噪声施工设备，如水泵、空压机、混凝土输送泵等，在设备外部搭设隔声棚围护结构，在隔声棚内衬吸声材料，可有效地降低现场噪声。

技术原理：在高噪声设备外部通过全封闭的隔声屏障阻断噪声对外界的传播，同时通过内衬的吸声材料吸收内部噪声，合理地降低设备噪声对外界的影响。

在施工场地布置及设备进场时，就地取材使用钢管脚手架或轻钢龙骨架搭设架体，既便于搭拆，又可重复利用，降低使用成本；采用岩棉板（以玄武岩为主要原材料，经高温熔融加工而成的无机纤维板，是一种新型的保温、隔燃、吸声材料）作为吸声内衬包裹架体；外部采用塑料膜或轻质钢板覆盖，满足美观且方便维护的要求。在搭设中应设置投（出）料口，不能影响设备的正常操作，通过搭设隔声棚阻隔噪声向外传播，降低施工过程中对周围环境的影响，同时可在工期紧张时进行夜间混凝土施工。

混凝土输送泵隔声棚示意图如图 3-3-4 所示。

图 3-3-4　混凝土输送泵隔声棚

同时也可以采用气承膜体系整体覆盖施工区域，阻隔施工区域噪声的传播。其装置包含施工区域的半球形气承膜（图 3-3-5），气承膜的外侧面设有钢索网，气承膜四周端部与配重基础结构连接；配重基础结构为分段拼接而成，气承膜和钢索网通过 C 形件与配重基础结构连接；同时气承膜内部可设置噪声监测系统、喷淋系统、照明系统、温度检测系统，气承膜上可设置门窗系统，上述系统均可自动化控制，利于调节和改善施工环境。

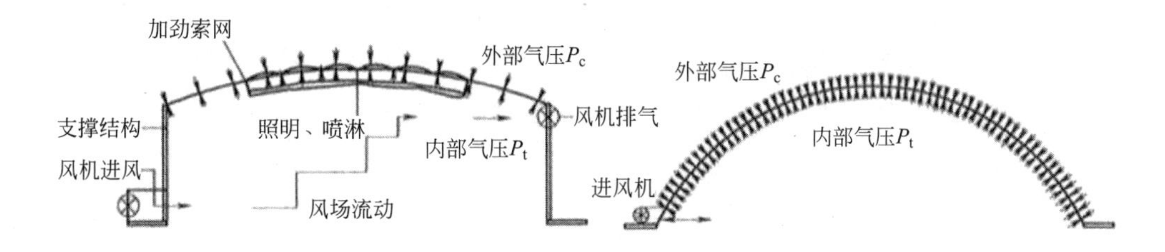

图 3-3-5 气承膜

(2) 技术要点

塑料布式的隔声棚可就地取材自制，造价较低，与定型化的隔声棚一样均可多次重复使用。

安装类似安全网搭设方式，施工简单，可根据不同设备、不同场地等情况灵活设置。

(3) 适用范围及效果

该技术适用于居民较多、施工工期紧、任务重、夜间施工不间歇的城区内。

隔声棚技术对加快施工进度、保证工期、降低对现场、周围生活区噪声的影响具有显著的经济效益，该技术近几年来以适用范围广、技术成熟度高、技术经济性优等诸多优点在施工现场所处城区、居民区且施工工期紧任务重的项目中得到了广泛应用，具有良好的推广价值和广阔的应用前景。

通过采取该技术，减少了对周围居民生活的影响，改善了现场工人的工作环境，达到文明施工的要求，同时，可以进行夜间施工，保证施工工期，加快施工进度，提高了施工效率，取得良好的经济效益。

4. 隔声屏运用技术

(1) 技术内容

隔声屏是一种隔声设施，是为了遮挡声源直达，在噪声源和受保护地区（或接受者）之间插入的一个设施，即所谓的声学屏障。隔声屏是施工场地敞开空间或作业场所控制局部环境噪声污染的重要措施之一，可使环境场所处于声影区内，使声波传播有一个显著的附加衰减，从而降低一定区域内的噪声影响。

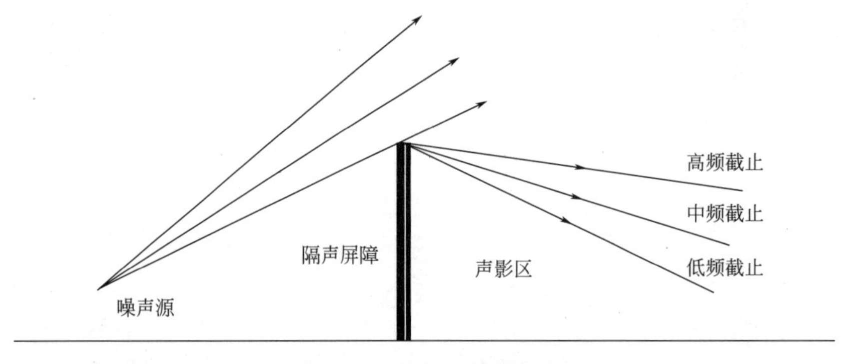

图 3-3-6　隔声屏阻噪原理

利用工地四周的围墙，用隔声性能好的隔声构件设置较高的宣传广告板作为隔声屏，将施工机械噪声源与周围环境隔离，使施工噪声控制在隔声构件内，以减小环境噪声污染范围和污染程度。在主要噪声源机械周围或者施工场地四周，设置隔声屏，并配合吸声处理。

隔声屏的设计主要包括材料及形式的选择、声学参数设计、声屏障尺寸设计、结构件设计等。声屏障的材料及其构造应满足声学性能、经济合理、高强度、施工简便、移动灵活、美观、耐久、抗腐防火等性能。

在施工外部脚手架设置外挂隔声装置，见图 3-3-7。其装置主要包括竖向依次拼接的外挂板，相邻外挂板之间通过夹件连接；外挂板的结构包含波浪形孔板和波浪形孔板外侧连接的隔板；波浪形孔板为一块水平段和凸段间隔分布的方形孔板，孔洞间隔均匀分布在水平段和凸段。

基于孔板对施工现场的隔声作用，将其设置成波浪状，通过隔板与波浪状孔板上凸段的贴合连接形成隔声腔体，利用穿孔共振吸声原理将现场噪声进行削减和阻挡，从而降低建筑施工噪声对周边环境的影响。通过夹件的设置可以有效地在横向和竖向位置拼接外挂板，使其在拼接后具有整体性，同时组合脚手架角部位置连接件的设置不仅可以使得外挂板更具结构性特点，且利于外挂板的隔声密闭性，利用卡件将脚手架杆件与外挂板连接，利于结构的一体性和便于外挂板的安装。本装置的外挂板、夹件、卡件和连接件均为可拆卸连接，易于制作和安装，且隔板和波浪形孔板易于现场取材，便于施工。

图 3-3-7 脚手架外挂隔声装置

(2) 技术要点

隔声屏属于定型化的成熟产品，强度高、易回收，可多次重复使用。

隔声屏采用嵌入式安装方式，板材自重轻、安装简便，且可根据现场不同情况灵活布置。

(3) 适用范围及效果

本技术适用施工场地大，需要多台高噪声的大型机械设备且不便采用全封闭隔声间的施工作业现场。也适用于局部临时使用如锯木机等高噪声施工设备，可达到良好的隔声效果。

隔声屏是一项较为成熟的隔声降噪应用技术，原本主要用于市政交通工程，现使用于房屋建筑工程。它具有多种类型组合的美观性、模块化生产装配式施工的经济性、良好吸隔声效果的实用性、不受气候影响的耐久性等诸多特点。

隔声屏可有效地降低车辆行驶过程时、高噪声设备所产生的噪声，同时可兼顾隔风抑尘的作用，具有良好改善周围环境的效果。

5. 吸声材料应用技术

(1) 技术内容

利用吸声处理技术降低室内噪声是噪声控制工程中广泛采用的措施之一。声波在传播过程中遇到各种固体材料时，一部分声能被反射，一部分声能进入到材料内部被吸收。

吸声材料一般为多孔材料，其构造特征为：材料中的固体部分（纤维筋或颗粒）使材料具有一定的形状，在筋络间具有许多贯通的微小间隙，具有一定的通气性能。当声波投射到多孔材料表面时，一部分声波被反射，一部分声波透入多孔材料。透入的声波将激发材料空隙中的空气分子和筋络间的摩擦，使空气膨胀和压缩，在空气与筋络间不断进行热交换，使声波的能量转化为热能而损耗，这就是多孔材料的吸声机理。吸声材料见图 3-3-8。

图 3-3-8 吸声材料

多孔吸声材料一般有纤维类、泡沫类和颗粒类三大类型。

施工现场一般在木工加工棚、钢筋加工车间和钢结构现场加工车间等室内噪声严重的空间，在其顶棚和内墙面加装吸声岩棉、软质纤维板等吸声材料，起到降低室内噪声，保护作业人员的作用。

(2) 技术要点

吸声材料是一种成本低、吸声率高、隔热性好、安装方便、无毒无害、可二次回收利用的辅助性材料。它既满足吸声效果又可降低投入，也可多次重复使用；同时可与隔声、防尘材料集成使用。另外，吸声材料采用内衬式的安装方式，自重轻、安装简便，且可根据现场不同情况灵活布置。但也要注意防火、防潮、防腐蚀等安全保护措施。

在封闭的室内空间里，当顶棚、墙面同时做吸声处理后，可取得 4～12dB 的降噪效果，从而改善室内作业环境，同时也降低了对外界的噪声污染。

(3) 适用范围及效果

适用于施工现场室内噪声较大的加工棚或设备房，如木工加工棚、钢筋加工棚、泵房、设备机房等。吸声技术虽然降噪效果不是很强，但能很好地保护在噪声严重的室内作业的人员健康，作为隔声、消声措施的辅助措施，能弥补相关缺陷。同时，吸声处理能兼顾防尘、隔声、保温、隔热等作用，复合功能强，在一定时期内具有积极的推广意义。

6. 设备消声器

(1) 技术内容

消声器是一种安装在空气动力设备（如鼓风机、空压机、高噪声汽车等）的气流通道上或进、排气系统中的降低噪声的装置。消声器能够阻挡声波的传播，允许气流通过，是控制噪声的有效工具。

消声器主要用于机械设备的进、排气管道或通风管道的噪声控制。一个性能好的消声器，可使气流噪声降低20～40dB（A）。但是，消声器只能降低空气动力设备的进排气口噪声或沿管道传播的噪声，不能降低空气动力设备的机壳、管壁等的噪声。

消声器的种类有很多，但究其消声机理，可以把它们分为6种主要的类型：阻性消声器、抗性消声器、阻抗复合式消声器、微穿孔板消声器、小孔消声器和有源消声器。

阻性消声器主要是利用多孔吸声材料来降低噪声（图3-3-9）。把吸声材料固定在气流通道的内壁上或按照一定方式在管道中排列，就构成了阻性消声器。当声波进入阻性消声器时，一部分声能在多孔材料的孔隙中摩擦而转化成热能耗散掉，使通过消声器的声波减弱。阻性消声器就好像电学上的纯电阻电路，吸声材料类似于电阻，因此，人们就把这种消声器称为阻性消声器。阻性消声器对中高频消声效果好，对低频消声效果较差。

图3-3-9　阻性消声器

抗性消声器是由突变界面的管和室组合而成的（图3-3-10），它好像是一个声学滤波器，与电学滤波器相似，每一个带管的小室是滤波器的一个网孔，管中的空气质量相当于电学上的电感和电阻，称为声质量和声阻。小室中的空气体积相当于电学上的电容，称为声顺。与电学滤波器类似，每一个带管的小室都有自己的固有频率。当包含有各种频率的声波进入第一个短管时，只有在第一个网孔附近的某些固有频率的声波才能通过网孔到达第二个短管口，而另外一些频率的声波则不可能通过网孔，只能在小室中来回反射，因此，我们称这种对声波有滤波功能的结构为声学滤波器。选取适当的管和室进行组合，就可以滤掉某些频率的噪声，从而达到

图3-3-10　抗性消声器

消声的目的。抗性消声器适用于消除中频、低频噪声。

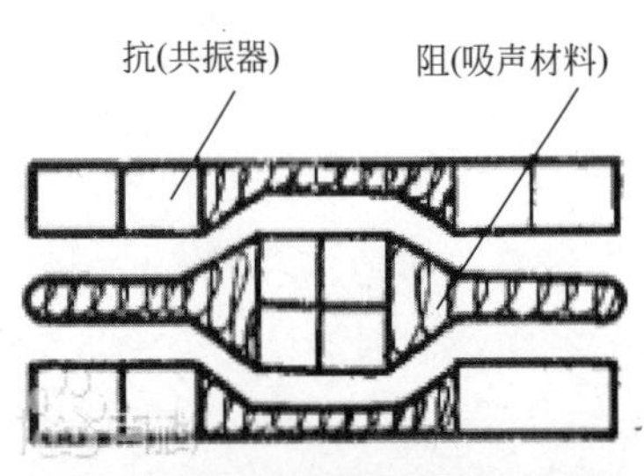

图 3-3-11　阻抗复合消声器

阻抗复合消声器是由阻性结构和抗性结构按照一定的方式组合起来构成的消声设备（图 3-3-11）。其同时有阻性消声器消除中频、高频噪声和抗性消声器消除低频、中频噪声的特性，具有宽频带的消声效果。

微穿孔板消声器一般是用厚度小于 1mm 的纯金属薄板制作（图 3-3-12），在薄板上用孔径小于 1mm 的钻头穿孔，穿孔率为 1%～3%。选择不同的穿孔率和板厚不同的腔深，就可以控制消声器的频谱性能，使其在需要的频率范围内获得良好的消声效果。

小孔消声器的结构是一根末端封闭的直管，管壁上钻有很多小孔（图 3-3-13）。小孔消声器的原理是以喷气噪声的频谱为依据的，如果保持喷口的总面积不变而用很多小喷口来代替，当气流经过小孔时，喷气噪声的频谱就会移向高频或超高频，使频谱中的可听声明显降低，从而减少对人的干扰和伤害。

图 3-3-12　微穿孔板消声器

图 3-3-13　小孔消声器

有源消声器的基本原理是在原来的声场中，利用电子设备再产生一个与原来的声压大小相等、相位相反的声波，使其在一定范围内与原来的声场相抵消。这种消声器是一套仪器装置，主要由传声器、放大器、相移装置、功率放大器和扬声器等组成。

(2) 技术要点

消声器一般采用优质碳钢或优质不锈钢制造，具有较好的耐热性和耐腐蚀性，经久耐用。

多种类型消声器可根据不同需求的降噪声级、设备种类、防潮耐高温等情况灵活选用，且安装便捷，保养简单。

（3）适用范围及效果

本技术适用于会产生高噪声的风机、空压机或高噪声车辆等机械设备的施工项目，可有效降低机械设备中高频噪声对环境的影响。

消声器具有坚固耐用、性能稳定、安装便捷、便于维护等特性，针对高频、中频、低频噪声的降噪效果良好，阻力损失小，适用范围十分广泛。

可降低高噪声设备的排气噪声，并使高温废气能安全有效地排出，一般可达到20～30dB降噪效果。

7.绿化降噪技术

（1）技术内容

绿化降噪技术是栽植树木和草皮降低噪声的技术。目前施工现场使用绿化降噪的方法有种植绿化带和垂直绿化。种植绿化带可以控制噪声在声源和接收者之间的空间自由传播，声能遇到由树叶形成的介质，其阻力比空气介质大很多，并能反射和吸收入射到树叶表面、树干、树枝上的声能。由于每片树叶的柔软性，部分声能在低音频范围内变为树叶固有振动频率的振动能量，使其变为热能；另一部分声能被大量的树叶所吸收。由此可见，绿化带如同各种物质介质一样都具有吸收声能的作用，介质的稠密度越高，则效果越明显。

而在需要安静室内空间的建筑物外表面种植攀缘植物，形成垂直绿化墙，与一般的抹灰墙面比较其吸声能力增加4～5倍，这样进入室内的噪声就可以大大降低。

在施工现场和噪声大的设备靠近噪声敏感区的一边种植一定高度、一定宽度的绿化带（图3-3-14），起到隔离和吸收噪声的作用。或者在现场内需要保持安静的办公区、生活区建筑外墙面种植攀缘植物，形成垂直绿化墙（图3-3-15），降低室内噪声影响等都属于绿化降噪相关措施。

图3-3-14　植物声屏障（1）

(2) 技术要点

可供选择的植被有多种，一般优选快速生长，容易存活的绿色植物，可降低培育、养护成本；结合项目建筑景观绿化需要，可减少二次投入。

绿化降噪是通过声波在树林中传播时，经树叶、树枝的反射和折射，消耗掉一部分能量，从而降低了噪声，同时可兼顾有害气体的吸收、降尘、降低热岛效应等功能，是较为先进的环保技术。

据试验发现：乔木、灌木、草地相结合的绿化带可降低噪声 8～10dB，降噪的同时可以降尘、美化环境、净化空气、调节气候。

(3) 适用范围及效果

该措施适用于所有在建工程。

绿化降噪其实是一项复合环保技术，降噪的同时可以降尘、美化环境、净化空气、调节气候，还可以提高人体感觉舒适度，在中长期范围内均可推广。

图 3-3-15　植物声屏障（2）

8. 噪声智能监控技术

(1) 技术内容

根据对施工现场噪声传播影响因素选取适当的监测参数和设备，在施工现场选取有代表性的点位进行实时动态监控。通过数据采集传输终端各监测设备的测量数据，并进行数据的存储、处理和分析；通过辅助参数测量值判断噪声监控数据的有效性，根据噪声有效监测数据判断施工现场噪声污染的状况。

1）监控点位设置

根据施工场地周围建筑物噪声敏感位置和声源位置的布局，测点应设在建筑物对噪声敏感影响较大、距离较近的位置。传声器距地面高度4～6m，并距任何反射面应大于3.5m。

2）监控系统构成

施工现场噪声动态监控系统主要由监控设备子系统（含噪声监测仪、气象参数分析仪器等）、数据采集传输子系统和信息监控平台子系统构成。其运行结构如图3-3-16所示。

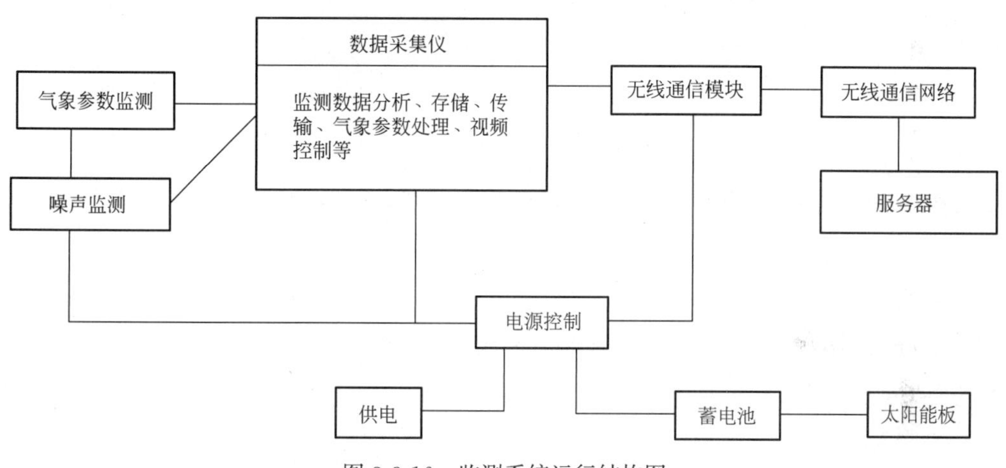

图3-3-16　监测系统运行结构图

监控系统各部分功能如下：

① 全天候户外传声器单元：在噪声监测终端使用可全天候工作的声音传感器。

② 数据采集控制单元：负责噪声数据采集、保存，并将噪声数据实时上传到专用服务器。

③ 气象监测单元（可选）：实时测量风速、风向、温度、湿度、雨量等气象参数，并对监测数据进行有效性分析。

④ 管理控制中心：由数据通信服务器、数据存储服务器、噪声计算工作站、管理系统等构成，对监测数据进行判别、存储和统计分析处理。

3）监控系统集成

根据各监控设备结构特征以及安装要求，对监控系统现场终端进行集成，设计现场端监控系统结构如图3-3-17所示。

其中，主机部分包括数据采集传输终端、触屏、噪声校准单元、数据接驳器、稳压单元等。数据接驳器可将不同监控设备输出信号统一输出为标准RS485输出，方便数据的接收。主机的数据采集传输终端接收各监控设备的监控数据，进行存储，并

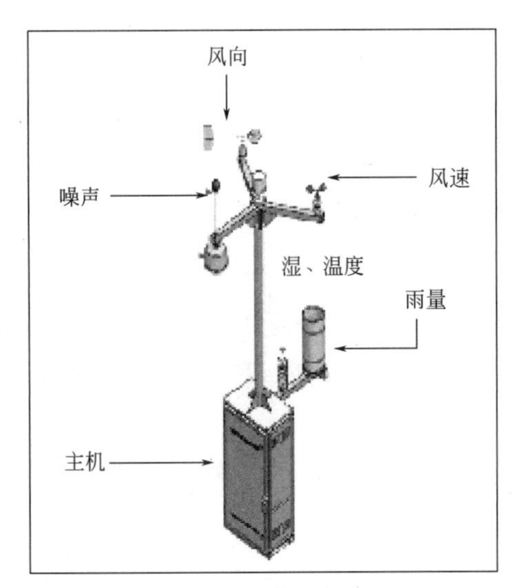

图 3-3-17　现场端监控系统结构

显示在触屏上；同时数据采集传输终端通过无线网络将监控数据传输至服务器。

4）数据采集传输

① 数据采集频次

按 1min 为时间单位进行噪声和气象参数监测，并将分析数据上传至数据处理系统和信息监控平台。

② 数据存储

对所采集的监测数据，应能自动生成并储存为通用数据文件。前台接收的 1min 数据存储时间不少于 3 个月。

③ 数据传输

数据采集传输仪是前台实时监测仪和后台监管系统之间的桥梁。完成前端监测数据的实时采集与存储，也完成后端管理平台对实时监测仪的参数调控的传输，应满足多台实时监测仪的并发数据传输需求。

(2) 技术要点

系统可采集多个区域、多种设备的相关数据，可实现全天候实信息反馈，整套系统可多次重复使用。

通过传感网、无线网、因特网三大网络传输数据，快速便捷地更新实时监测数据。

监测系统可根据施工现场的采集结果，统计出常用的施工机械种类和型号，以及相应的机械噪声声功率级，建立施工机械的声功率级数据库。分析施工现场的噪声传播途径和特点，结合计算机技术和其他技术手段，建立施工现场的噪声动态监测平台，对施工现场的噪声进行实时监测并进行信息反馈。

利用噪声模拟软件对施工现场不同阶段的典型噪声源进行模拟，分析多机械同时作业时的噪声边界分布情况。并根据施工现场机械和噪声耦合，及时提出切实有效的降噪措施。

(3) 适用范围及效果

本技术适用于所有建筑工程。

通过全天候噪声监测可及时、准确地掌握施工现场噪声分布与传播情况，综合噪声控制技术也可以根据监测结果实现动态控制，对于控制施工现场噪声、改善城市环境质量以及保障施工人员的身体健康起到了重要的作用。

第四节　技术发展导向及趋势

前文提到施工现场的噪声控制还基本属于对已有噪声的后处理，也就是隔声和阻声，而我们也都知道对噪声源的治理，才是最经济有效的降噪措施。因此未来发展噪声控制技术可从以下几方面着手：

1. 应用新材料、改进机械设备的结构

着力发展新材料，将新材料运用于施工设备的制造过程，改进机械设备的结构，从而降低设备运行时噪声的强度，这是治理噪声源的主要技术之一，也是最经济合理、降噪效果最优的措施之一。

2. 改革施工工艺和操作方法

改革施工工艺和操作方法，也是从声源上降低噪声的一种有效途径。用先进的施工工艺和操作方法替代传统的、落后的施工工艺和方法，既能以人为本，降低工人劳动强度，又可以降低噪声，保护职工职业健康。

3. 因地制宜，组合多种技术

针对复杂的施工现场和施工过程，单一的、贯穿始终的降噪技术显然是不科学的。未来噪声控制技术势必是多种技术的组合，是协同降噪。但组合的前提，一定是因地制宜。

4. 已有成熟技术改良升级

利用隔声棚降低噪声传播是比较成熟的噪声控制技术，但这个技术只是保证了噪声不向外传播，对室内作业人员的保护显然不够。因此，目前已经将单纯的隔声棚发展为吸声降噪棚，利用吸声材料和隔声材料组合，先吸后隔，共同降噪，由此可见噪声控制技术将会是一个不断完善、不断发展的过程。

5. 加强管理与控制

不同于其他污染源，噪声传播是有特点的，噪声是有规律可循的，有强度可测的。因此通过智能化手段，找出它的规律，测出它的强度，并有针对性地采取一系列控制措施，最终将噪声降低到无害范围。

第五节　技术发展的建议

1. 推广使用低噪声机械设备

使用低噪声机械设备是噪声控制的源头，定期发布低噪声施工机械设备推广目录，鼓励大家积极购买和使用低噪声机械设备。

2. 鼓励改良传统施工工艺、培训先进的操作方法

加强施工现场作业人员对噪声大的传统施工工艺的认识和对不当的操作方法进行改良，形成相关专利和工法。

3. 强制推广重点技术与鼓励创新技术并进

对成熟的、效果好的且经济合理的噪声控制技术采取强制手段，在施工现场100％普及；对降噪效果好的创新技术，采取发布推广目录、示范工程加分等措施，鼓励各项目作业人员积极采用。

4. 加强技术参考书籍的编制与出版

目前市场上可供参考的降噪施工技术书籍非常少，很多项目反映无书可参考，好的技术也因此得不到推广和普及。可以加强低噪施工技术参考书籍的编制与出版，特别是已经成熟的、具有推广价值的技术。因此，该技术最快捷的普及推广方式就是借助图书传播。

5. 强化噪声持续监控

噪声监控技术已经比较成熟，但目前基本还是以项目个体为单位进行，未来的发展应该以区域为单位对施工噪声进行持续监测，并辅以一定的行政管理手段加强控制。

6. 完善政策引导和激励制度

目前低噪施工技术的应用和推广几乎全靠企业和项目内部人员的自觉，而要实现真正的低噪施工，政策的引导和激励必不可少。

第四章

施工现场光污染控制技术

第一节　概述

1. 基本情况

光污染问题最早于 20 世纪 30 年代由国际天文界提出，他们认为光污染是城市室外照明使天空发亮造成对天文观测的负面的影响。根据住房和城乡建设部发布的《室外作业场地照明设计标准》GB 50582—2010 定义，光污染是指干扰光或过量的光辐射（含可见光、紫外线和红外光辐射）对人和生态环境造成负面影响的总称。光污染是继废气、废水、废渣和噪声等污染之后的一种新的环境污染源，国际上一般分为三类：白亮污染、人工白昼污染和彩光污染。通透的照明技术为我们生活带来便利的同时，还会对人体、动植物乃至整个生态环境造成严重的危害。首先，光污染对人视力系统和脑神经系统造成伤害，影响情绪从而引发抑郁症或其他精神方面的疾病，甚至可能诱发癌症；其次，光污染影响动植物的自然生活和生长规律，加剧某些濒危动植物的灭绝；最后，光污染还是全球变暖的主要原因之一，照明设备排放的热量助长了城市的温度升高，从而又会反过来影响人类的生存。

《中华人民共和国环境保护法》自 2014 年 4 月 24 日第十二届全国人民代表大会常务委员会第八次会议修订，明确将光污染列为污染源之一。《中华人民共和国环境保护法》第四十二条规定："排放污染物的企业事业单位和其他生产经营者，应当采取措施，防治在生产建设或者其他活动中产生的废气、废水、废渣、医疗废物、粉尘、恶臭气体、放射性物质以及噪声、振动、光辐射、电磁辐射等对环境的污染和危害。"《中华人民共和国宪法》、《中华人民共和国民法通则》以及《中华人民共和国物权法》等诸多法律也对光污染进行了不同程度的规定。对于建筑行业而言，更是先后出台了《室外作业场地照明设计标准》GB 50582—2010、《室外照明干扰光限制规范》GB/T 35626—2017 等专项规范和标准。施工光污染的控制刻不容缓。

2. 施工光污染的来源

建筑施工现场的光污染主要是夜间施工的强光、电焊机发出的弧光污染等，这些光污染会影响人们的正常睡眠，更有甚者这些光一旦照到人眼，人员就有失明的危险。按照施工光污染的来源，主要分为以下几个方面：

(1) 光入侵

指过强的光源影响了他人的日常休息。施工现场多数使用白炽灯、卤素灯、镝灯等大功率照明灯具，虽然使用这些灯具可以为施工现场提供足够的照明，满足现场施工要求，但是给施工人员、周边群众以及行人等造成了影响，损害了人们的健康。

(2) 过度照明

是指对能源的无意义使用造成的浪费。为满足施工现场夜间照明需要，而采用大功率照明灯具为施工现场提供作业条件，但光的亮度远远超过了需要的程度，导致能源的无意义使用，造成额外的能源浪费。

(3) 混光

不同种类的光源混杂在一起，将严重影响被动接受者，并且可能导致事故的发生。运输车辆司机使用远光灯会使得其他司机或施工人员瞬间致盲，使人员观察能力大大下降；远光灯所产生的超大光晕会占据人眼视觉中很大一部分面积，从而使得对向而来的驾驶员对来车的宽度以及车身后情况的判断力下降，易误操作。

(4) 炫光

剧烈的强光，会使行人或者驾驶员短暂性“视觉丧失”，从而引发事故，并且在防护不当的情况下，眩光还会伤害人的视力。施工现场焊接弧光污染主要是由焊接钢筋、钢结构节点、止水钢板等构件及生产用临时设施的焊接产生的。电弧光主要包括红外线、可见光和紫外线。其中紫外线主要损伤眼睛及裸露的皮肤，引起角膜炎、结膜炎和皮肤红斑症。眼部长期接触红外线照射，会造成白内障。

3. 施工光污染的特征

光污染属于物理性污染，与其他环境污染相比，光污染由于其自身独特性，很难通过分解、转化和稀释等方式消除或减轻。

(1) 主动侵害性

处于环境中的光污染往往是不可回避的。光的传播速度极快，人们即使不用眼睛盯着刺眼的光源看，也无法回避所有的光线，在有光污染的环境中不可能彻底摆脱其危害。

(2) 难以感知性

光污染表现的比较隐蔽，很难引起人们的注意。光污染是一种辐射，除了高强度的辐射（强光）人们能下意识地做出反应外，大部分紫外线、红外线都是难以被感知的，人们常常在不知不觉中遭受光污染的侵害。

(3) 损害累积性

光污染的影响往往是微量的，对人体的危害要经过较长时间累积才能显现出来。随着接触时间的延长危害加重，大多是损伤发生后，才做出反应。

(4) 直线传播性

光是沿直线传播的，但当它遇到平面的时候就会反射。如果光线与反射面是垂直的，光线就会原路返回，这在光污染控制时可以利用，根据光线自身的特点，改变光的传播路径，使得有害光减少或消除。

(5) 无残留性

在环境中不存在残留物。光源消失，污染即消失，不像其他污染源排放的污染物，即使停止排放，污染物在长时间内还有残留。

4. 施工光污染的危害

(1) 对附近居民的影响

当施工场地内照明设备的射出光线直接侵入附近居民的窗户时，就很可能对居民的正常生活产生负面的影响。这些影响包括：

1）照明设备产生的入射光线使居民的睡眠受到影响。

2）工地现场照明可能存在的频闪灯光使房屋内的居民感到烦躁，难以进行正常的活动。

(2) 对附近行人的影响

当施工照明设备安装不合理时，会对附近的行人产生眩光，导致降低或完全丧失正常的视觉功能。这一方面影响到行人对周围环境的认知，同时增加了发生犯罪或交通事故的危险性。具体的危害表现在：

1）安装不合理的施工照明灯具，其本身产生的眩光使行人感到不舒适，甚至降低人们的视觉功能。

2）当灯具本身的亮度或灯具照射路面等处产生的高亮度反射面出现在行人的视野范围内时，因为出现很大的亮度对比，行人将无法看清周围较暗的地方，使之成为犯罪分子的藏身之处，不利于行人及时发现并制止犯罪。

(3) 对交通系统的影响

各种交通线路上的照明设备或附近的辅助照明设备发出的光线都会对车辆的驾驶者产生影响，降低交通的安全性。主要表现在：

1）灯具或亮度对比很大的表面产生眩光，影响到驾驶者的视觉功能，使驾驶者应对突发事件的反应时间增加，从而更容易发生交通事故。

2）出现在驾驶者视野内的亮度很高的表面使各种交通信号的可见度降低，增加了交通事故发生的可能性。

5. 控制技术发展情况

施工光污染防治的目的就是在满足施工要求的前提下，将有害光的量减少到不对周围环境和人产生危害的水平。其控制思路主要有三方面：源头控制、过程控制和末端控制。源头控制为从光源处入手，改进光源的性能品质，调整光源的散射方向，既减少有用物质和能源的浪费，又削弱光污染的危害；过程控制为切断光污染传播途径，合理利用光污染的特性——直线传播性，在污染产生后在传播过程中进行削弱、吸收或反射，将有害光转化为有用光；末端控制即从接受者方向处理，通过采取一系列的措施，减少对接受者的侵害量。综合考虑三种控制方式，源头控制为最积极主动和有效的控制方式，当然也会花费大量人力、物力和财力，在实际现场控制中，要综合考虑三种方式的控制质量和造价成本，以选择最优的控制方式。

目前施工现场光污染控制技术主要有以下几类：

(1) 采用绿色无污染照明设备

改善照明设备是防治光污染以及节能环保最有效的方式。现场施工前，对进场的灯具设备进行检查，杜绝无罩、无证的设备进场使用；现场大功率照明灯具采用绿色环保可调式 LED 照明灯具等。

(2) 采用遮光罩避免强光外泄

根据光沿直线传播这一特点，通过改变光的传播方向，将光污染的危害降到最低。但由于光的折射和反射的存在，不可能将光污染完全杜绝，按照“避免直射，加强反射，变有害光为可用光”的思路，现场所有大功率照明灯具加设可调式遮光罩，避免光污染。

(3) 改进工艺和操作方法

为减少光污染的产生，减少施工现场易产生光污染的施工工艺和操作方法。将钢结构工程现场焊接改为在工厂集中加工，再运到现场拼装；将易产生光污染的电渣压力焊钢筋连接方式改为安全无污染的直螺纹机械连接。现场既避免了光污染，又更好地保证了施工质量。

(4) 配备防护装备和遮挡设施

在施工现场钢结构工程的电焊施工作业，不仅对施工人员造成伤害，也会对其他相近的施工人员及附近居民造成危害（刺激眼球、强光射伤皮肤等）。为防止电焊等炫光的危害，现场施工焊接作业人员必须配备防护装备；施工进场的电焊和气割设备应进行检查验收，验收合格后才能使用；现场可搬运的电焊和气割工作统一到电焊棚内进行；无法移动的电焊作业在周边设置可周转活动屏挡；对居民住宅区有影响面设置挡光壁，减少光污染的危害。

(5) 灯具亮度自动调节

利用环境光传感器技术原理，现场大功率照明设备与光传感器结合。当环境亮度逐渐变暗时，使用环境光传感器的灯具会自动打开并调成满足施工需要的亮度；随着外界环境越来越暗，灯具就会自动调整成高亮度，但不会超过额定值；相反，当环境亮度逐渐变亮时，灯具自动调整亮度进而关闭，实现灯具自动调节亮度，避免过度照明，减少能源浪费。

(6) 及时做好智能监测和反馈

施工现场需要实时监控施工环境，在现场内设置光强监测点，对相应区域环境进行监测，并实时反馈监测数据。当光强超过规定值时会实时提醒管理人员调整施工部署，减少对附近居民区的光污染。

针对施工光污染的来源，对其控制措施进行分析统计，见表 4-1-1。

施工光污染控制措施分类统计表　　表 4-1-1

污染源	控制措施
照明灯具光入侵	节能环保照明灯、遮光罩、光感应控制、挡光壁
大功率灯具过度照明	节能环保照明灯、光感应控制
电焊作业炫光	防护棚、活动屏挡、工艺调整和改进
车辆远光灯混光	节能环保照明灯、遮光罩

根据以上技术的分析，挡光、遮光为现阶段最切实可行也是最常用的手段，但该做法治标不治本，无法从根本上杜绝光污染。节能环保灯具和光传感自动调节技术的研发才是最重要的控制光污染的方式。

第二节　技术清单

见表 4-2-1。

施工光污染控制技术清单　　表 4-2-1

序号	类别	技术名称	技术分类	使用建议
1	源头控制	可调式 LED 照明灯运用技术	收集技术	■重要　□一般
2		钢筋机械连接代替焊接工艺应用技术	收集技术	■重要　□一般
3		施工光感应控制照明技术	创新技术	□重要　■一般
4	过程控制	大功率可调式灯具遮光罩运用技术	改良技术	■重要　□一般
5		基于建筑施工的减少光污染的电焊设备应用技术	改良技术	□重要　■一般
6		光控焊接防护面罩运用技术	收集技术	■重要　□一般
7		小型构件焊接防护棚运用技术	改良技术	■重要　□一般
8		定型化焊接防护屏挡运用技术	收集技术	□重要　■一般
9		光污染智能监测技术	创新技术	■重要　□一般
10	末端控制	临边挡光壁运用技术	改良技术	□重要　■一般

第三节　具体技术介绍

1. 可调式 LED 照明灯运用技术

(1) 技术内容

一般施工现场照明采用白炽灯、卤素灯、镝灯等大功率照明灯照明，耗电量大。LED 照明灯是继普通节能灯后的新一代照明光源，可以将电能直接转化为光能。与普通节能灯相比，LED 照明灯环保不含汞，可回收再利用，功率小、高光效、长寿命，即开即亮，耐频繁开关、光衰小、可调光。

将施工现场塔式起重机、基坑照明灯由普通白炽灯、卤素灯、镝灯等大功率照明灯具改为可调式 LED 照明灯（图 4-3-1），节约电源，增加灯具使用寿命，利于节能环保。同时可以合理地调整照射角度，提高光源的利用率，防止强光外泄，减少光污染。

图 4-3-1　可调式 LED 照明灯示例

(2) 技术要点

见表 4-3-1。

可调式 LED 照明灯技术指标　　　　**表 4-3-1**

参数	技术指标
LED 功率	200W、300W、500W、800W、1000W、1500W
输入电压	AC85-265V
额定电压	110～220V±10%/50Hz
电源	交流电
光效	≥100lm/W

续表

参数	技术指标
显色性	$Ra \geq 80$
节能	≥80%以上
灯具效率	≥85%
工作环境	−15℃～+50℃
防护等级	IP43

根据与其他传统灯具对比，LED 照明灯特性如下：

1）光源选用高亮度半导体芯片，具有导热率高、光衰小、光色纯、无重影等特点。

2）LED 照明灯不采用液态危害元素和其他有害气体，不含铅、汞等污染元素，对环境没有任何污染。

3）LED 照明灯照射稳定，角度可控性高，光束角最小可到 25°（配光图见图 4-3-2），使用时可以有效地避免灯光外泄，减少光污染。

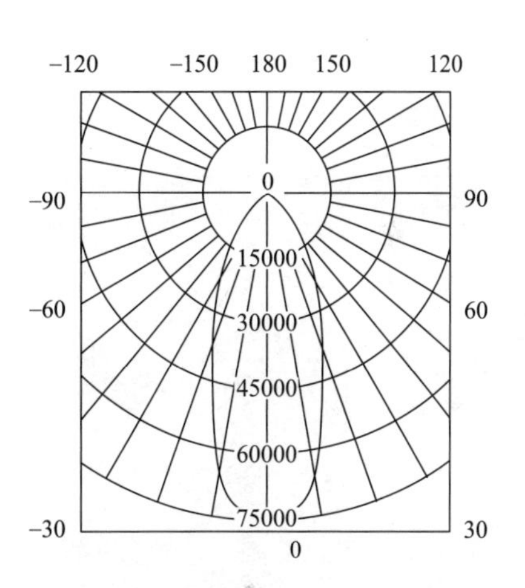

图 4-3-2　LED 照明灯 25°配光图

4）LED 照明灯使用寿命可达 50000h，是镝灯等普通灯具的 10～15 倍。

5）LED 照明灯 500W 功率相当于镝灯 3000W 功率产生的亮度，能耗低、散热少，节能效果明显，与普通灯具相比可节能 80%以上。

6）安装简单，拆卸方便，适用范围广。

7）成本较普通照明灯具更低，经济效益明显。以满足施工需要的 500W LED 照明灯和 3000W 镝灯为例，按使用时长 5000h（约 1 年）为计，成本分析见表 4-3-2。

LED 照明灯与镝灯成本分析表　　表 4-3-2

内容	功率（W）	使用时间（h）	平均单价（元）	使用 1 年耗电量（kW·h）	使用寿命（h）	使用 1h 耗电量（kW·h）	使用成本(元)（临电单价 1 元/kW·h）
LED 照明灯	500	5000	2500	2500	50000	0.5	2750
镝灯	3000	5000	1500	15000	5000	3	16500

可知，以 1 年统计时间为例，每个 LED 照明灯比同等亮度镝灯节省约 13750 元，经济效益明显。

（3）适用范围及效果

适用于塔式起重机、基坑周边等大功率照明及地下室、主楼、楼梯间等室内采光。具有绿色、节能、环保、无污染的特点，可以从源头上杜绝或减少光污染，并且经济效益明显，具有很好的应用前景。

2. 钢筋机械连接代替焊接工艺应用技术

(1) 技术内容

电渣压力焊是利用电流通过液体熔渣所产生的电阻热进行焊接的一种熔焊方法，它在施工过程中产生炫光，并且极易产生触电危险。相比于电渣压力焊，直螺纹机械连接具有无污染、无火灾隐患、施工安全等特点，为保证从源头上避免产生光污染，施工现场尽量减少现场焊接作业，从设计角度出发，将电渣压力焊连接调整为直螺纹机械连接（图 4-3-3）。

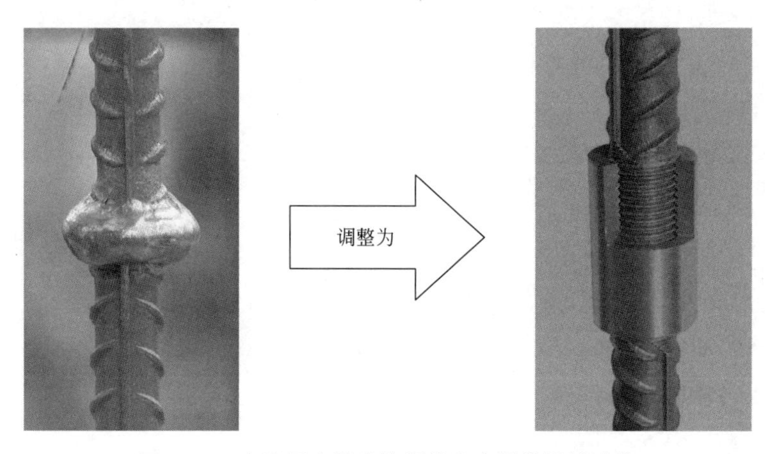

图 4-3-3　电渣压力焊连接调整为直螺纹机械连接

(2) 技术要点

将电渣压力焊连接与直螺纹连接分别从工艺和成本方面进行对比分析，见表 4-3-3 和表 4-3-4。

电渣压力焊连接与直螺纹套筒连接工艺对比表　　表 4-3-3

项目	电渣压力焊连接	直螺纹套筒连接
工艺原理	借助被焊钢筋端头之间形成的电弧，熔化焊剂而获得 2000℃以上高温熔渣将被焊钢筋端头均匀地熔化，再经挤压而形成焊接接头的方法	将待连接钢筋端部的纵肋和横肋用滚丝机采用切削的方法剥掉一部分，然后直接滚轧成普通直螺纹，用特制的直螺纹套筒连接起来，形成钢筋的连接
设备	钢筋对焊机、钢筋电焊机、焊接夹具、控制箱、装焊剂的铁铲	套丝机、砂轮切割机、砂轮打磨机、环规、游标卡尺、力矩扳手
材料	钢筋、焊剂、石棉绳	钢筋、直螺纹套筒
应用范围	适用于现浇钢筋混凝土结构中竖向或斜向（倾斜度在 4：1 范围内）钢筋的连接	适用于直径大于 16 的横向、竖向钢筋对接
优缺点分析	工效高、成本低； 电渣压力焊机空载时间长，易发生触电、火灾等安全事故	缩短施工周期，速度比电焊快 5 倍； 提高工程质量，降低能源消耗，利于环境保护

电渣压力焊连接与直螺纹套筒连接成本对比表　　表 4-3-4

电渣压力焊成本分析			
分项	单价(元)	单个消耗量	小计(元)
钢筋接头安装人工费	600.00	0.0033	2.00
ϕ16 钢筋	4.30	0.0316	0.14
焊剂焊药	2.50	0.1250	0.31
用电费	1.00	1.1000	1.10
机具使用费	2000.00	0.0001	0.20
合计			3.75
直螺纹连接成本分析			
分项	单价(元)	单个消耗量	小计(元)
钢筋接头制作人工费	200.00	0.0020	0.40(元)
钢筋接头安装人工费	200.00	0.0033	0.67
ϕ16 钢筋	4.30	0.0789	0.34
套筒	1.80	1.0000	1.80
用电费	1.00	0.1500	0.15
机具使用费	5000.00	0.0001	0.50
合计			3.46

通过上述成本分析，直径≥16mm 的钢筋采用直螺纹机械连接较电渣压力焊更经济，每个接头可以节省 0.29 元。具有较高的经济效益。

(3) 适用范围及效果

适用于钢筋直径≥16mm 的横向及竖向钢筋连接，安全可靠无污染，具有较高的经济效益和社会效益。

3. 施工光感应控制照明技术

(1) 技术内容

光传感器是一种传感装置（图 4-3-4）。它主要由光敏元件组成，主要分为环境光传感器、红外光传感器、太阳光传感器、紫外光传感器。光传感器的工作原理是：光传感器可以感知周围光线的情况，并告知处理芯片，自动调节设备亮度，降低产品的功耗。该技术广泛应用于电光源、科教、冶金、工业监察、农业研究以及照明行业的品控，但由于施工环境的复杂性，还未普遍推广应用于建筑行业。

图 4-3-4　光传感器

通过对光传感器的工作原理进行分析，施工现场可利用光传感器原理，将现场照明设备与光传感器结合，当环境亮度不满足施工要求，但要求较高时，使用环境光传感器的灯具会自动打开并调成低亮度，以满足施工需要（图 4-3-5）；当外界环境较暗时，灯具就会调成高亮度，但不会超过额定值，实现自动调节达到特定亮度，避免过度照明，减少能源浪费。

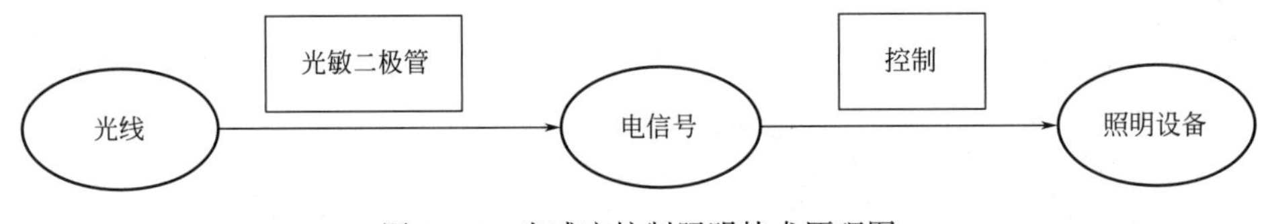

图 4-3-5　光感应控制照明技术原理图

(2) 技术要点

通过对该技术进行分析，复杂的施工环境会对信号收集以及处理产生误差，误差因素汇总如下：

1）在光照度测量中，被测面上的光不可能都来自垂直方向，使得光照度收集存在偏差；

2）太阳光包括红外线、可见光和紫外线，使得光照度收集存在偏差；

3）照明设备自身的光线对光照度的收集存在偏差；

4）控制电路温度变化对信号精度产生影响；

5）施工用照明设备交变电流，功率大，光电信为线性电流，电流较小，实现弱电控制强电的精度存在误差。

通过以上误差分析，光信号如何有效的收集和通过光敏电阻转换成的电信号如何有效控制大功率照明设备为本次研究的关键。为避免以上误差，将该控制系统进行优化，通过对原有光控系统进行优化，使得可以满足复杂的现场施工环境。

优化后的系统工作原理见（图 4-3-6）。不同角度光线透过余弦修正器汇聚到感光区域；汇聚到感光区域的太阳光通过蓝色和黄色滤光片过滤掉可见光以外的光线；透过滤光片的可见光照射到光敏二极管，光敏二极管根据可见光照度大小转换成电信

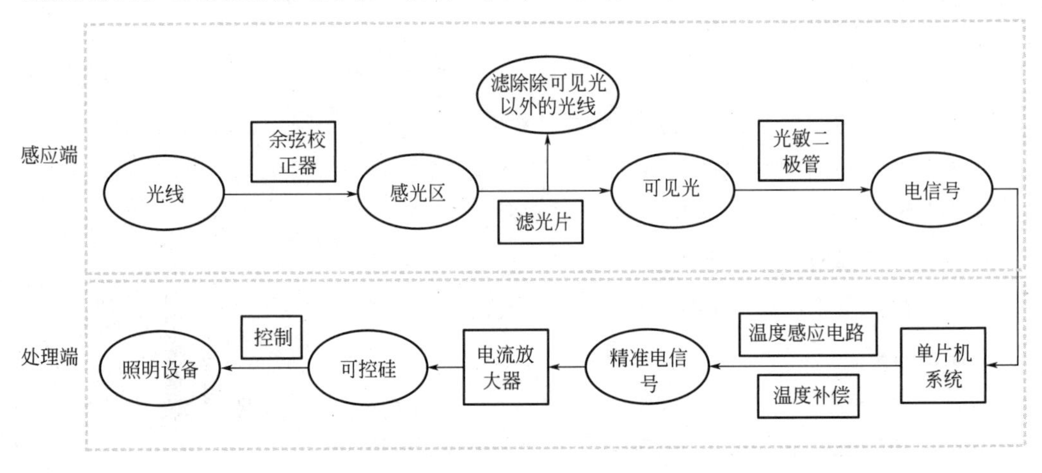

图 4-3-6　施工光感应控制照明技术系统优化后的系统工作原理

号，电信号进入单片机系统，单片机系统根据温度感应电路，将采集到的光电信号进行温度补偿，以输出精准的线性电信号。精准线性电信号通过可控硅，实现调节照明设备的亮度。

根据市场调研，光照度传感器可采纳对弱光也有较高灵敏度的硅蓝光伏探测器作为传感器。它具备良好的实用价值，技术参数见表 4-3-5。

光照度传感器技术参数　　　　**表 4-3-5**

参数	技术参数
感光体	带滤光片的硅蓝光伏探测器
波长测量范围	380～730nm
准确度	±7%
重复测试	±5%
温度特性	±0.5%(℃)
测量范围	0～200000lx
输出形式	二线制 4～20mA 电流输出
三线制	0～5V 电压输出

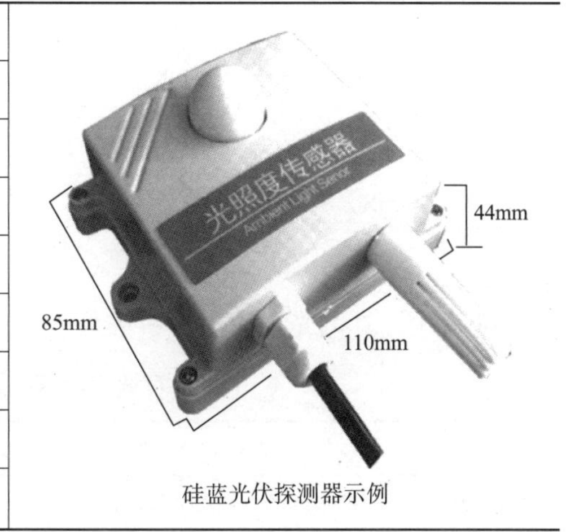

硅蓝光伏探测器示例

(3) 适用范围及效果

适用于施工现场照明灯具自动化控制，打造自动调节的高效节能照明设备，实现数字照明管理，具有极好的应用前景。

4. 大功率可调式灯具遮光罩运用技术

(1) 技术内容

可调式灯具遮光罩设计灵感来源于单反相机遮光罩（图 4-3-7），其作用是抑制杂散光线进入镜头从而消除雾霭，提高成像的清晰度与色彩还原。相反，如果在照明灯具上配置遮光罩，也会抑制杂散光线外泄，防止光污染的产生。但由于施工作业的位置不是一成不变的，灯具照明区域也需要随着施工区域的变化而进行调整，可调式灯具遮光罩可满足这一需求，根据施工位置和挡光角度的变化进行实时调整。

(2) 技术要点

可调式灯具遮光罩采用铝合金板材质，由安装底盘和四叶挡光板组成。安装底盘通过两侧支座固定，底盘可以通过可调节螺栓前后调节，四叶挡光板可活动，可根据光线

图 4-3-7　可调式灯具遮光罩

的需求量及挡光的角度进行调节，满足施工要求的同时，防止杂光外泄（图 4-3-8）。

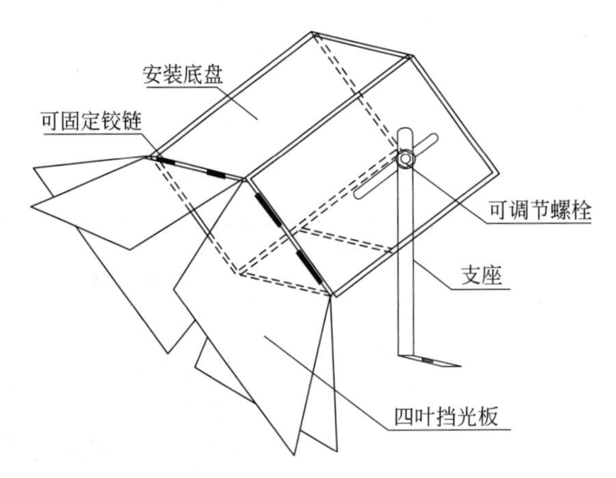

图 4-3-8　可调式灯具遮光罩设计图

可调式灯具遮光罩成本分析表见表 4-3-6。

可调式灯具遮光罩成本分析表　　　　表 4-3-6

分项	单价	工程量	小计
镀锌铝板 300×600×0.45	17.60 元/kg	0.6400	11.26 元
可固定铰链	1.50 元/个	8.0000	12.00 元
可调螺栓	4.50 元/个	2.0000	9.00 元
加工费	300.00 元/天	0.0500	15.00 元
合计			47.26 元

（3）适用范围及效果

适用于塔式起重机、基坑周边等大功率照明灯具的遮光、挡光，是现阶段防治光污染最直接的方式，而且造价低，性价比较高。

5. 基于建筑施工的减少光污染的电焊设备应用技术

（1）技术内容

现有的电焊设备在使用时存在一定的弊端，首先，电焊时产生的弧光会造成光污染，影响环境；其次，焊接时温度过高，容易过载损坏电路。为此，我们提出一种基于建筑施工的减少光污染的电焊设备应用技术，其设计原理图见图 4-3-9。

（2）技术要点

与现有技术相比，该电焊设备通过设置的过热保护器，能够防止焊接时温度过高，损坏电路，提高安全性。通过设置的防护屏，能在电焊时起到遮挡作用，避免孤光外泄，减少光污染。防护屏在焊接时，放置在焊接工位周围，并且防护屏是真空玻璃制成，不影响焊接时的定位，其中的滤光片，可以根据孤光的发生和熄灭，瞬间自

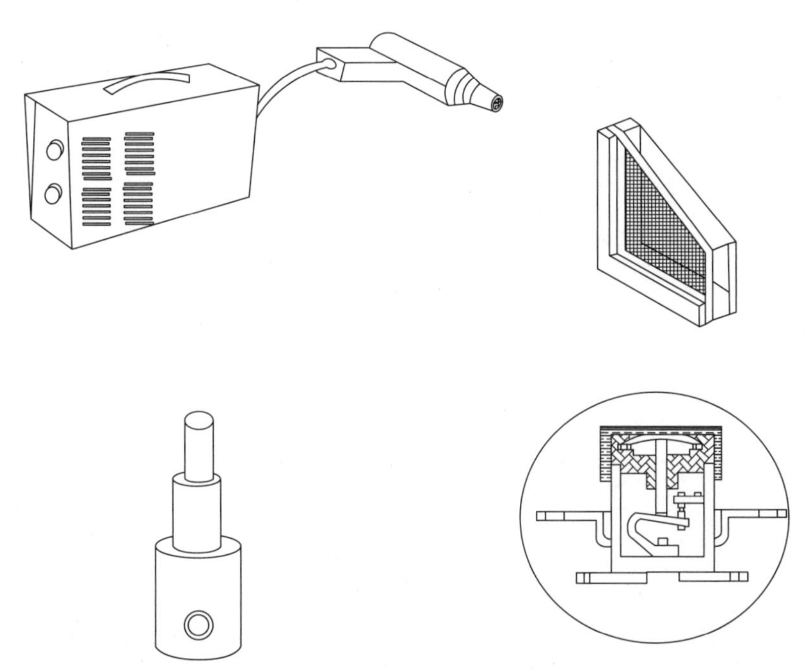

图 4-3-9　基于建筑施工的减少光污染的电焊设备应用技术设计原理图

动调光和遮光，减少了光污染。整个装置结构简单，操作方便，使用效果相对于传统方式更好。

(3) 适用范围及效果

适用于施工现场电焊作业，安全可靠，同时可以减少光污染，具有很好的社会效益。

6. 光控焊接防护面罩运用技术

(1) 技术内容

电焊作业中产生的电弧光含有红外线、紫外线和可见光，它们会对人体产生伤害。红外线具有热辐射作用，在高温环境中焊接时易导致作业人员中暑；紫外线具有光化学作用，可使人体皮肤脱皮；可见光长时间照射会引起人员视力的下降。现场施工焊接作业必须配备相应的防护装备，以避免光污染对作业人员的危害。

光控焊接防护面罩由面罩主体和变光系统两部分组成，是一种用光电、电机、光磁等原理制成的自动保护面罩（图 4-3-10）。电焊时产生的强烈弧光辐射被光传感器采样，触发控制电路，控制电路输出工作电压加到液晶光阀，液晶光阀在电场的作用下，由透明状态变为不透明状态，滤

图 4-3-10　光控焊接防护面罩示例

除紫外线。透过液晶光阀的部分红外线则被另一滤光片吸收。一旦弧光熄灭，光传感器不再发出信号，控制电路不再输出工作电压，液晶光阀又恢复到透明状态。

(2) 技术要点

新型光控焊接防护面罩采用新型韧性材质，能够抵抗外部冲击，延长使用寿命，材质轻便，佩戴舒适；配备迅达全自动极速变光屏，前置2个高敏感弧光感应器，均可独立工作，不受自然光和环境光影响；焊接起弧瞬间，即刻变光，仅需0.04ms(1/25000s)；防护安全性高，防护等级达到IP65标准，防雨、防雷、防雾，轻松应对各种恶劣环境。光控焊接防护面罩技术参数见表4-3-7。

光控焊接防护面罩技术参数　　表 4-3-7

外形尺寸	110mm×90mm×8mm
可见视窗	92mm×42mm
红/紫外线防护等级	15级
亮态遮光号	4级
暗态黑度调节范围	DIN9级～DIN13级自由调节(外部)
供电电源	响应时间(亮态到暗态)：＜1/30000s(在室温下工作) 延迟时间(暗态到明态)：0.10～1.0s(内部可自由调节)
灵敏度抗干扰设计	内部自由调节，提高焊机适应能力和环境抗干扰能力
工作温度	－5℃～55℃
储藏温度	－20℃～70℃

(3) 适用范围及效果

可根据作业需要灵活调整，操作便捷。适用于所有施工现场焊接、切割、打磨等多种工作模式，性能优异，经济实用，为焊工提供全面的面部防护。

7. 小型构件焊接防护棚运用技术

(1) 技术内容

施工现场大型钢结构构件在工厂内预制加工，但不可避免地存在部分小型构件要在施工现场加工。对于必须在现场加工的小型构件的焊接作业，可在特定的防护棚内集中加工（图4-3-11）。既可减少焊接产生的光污染对外界的危害，又可防止火灾的发生。

图 4-3-11　小型构件焊接防护棚

(2) 技术要点

防护棚龙骨采用高强度方钢焊接而成，围护结构采用镀锌钢板或其他防火材料，进行定型化设计，周转次数可达50次以上。

小型构件焊接防护棚成本分析表见表4-3-8。

小型构件焊接防护棚成本分析表 表4-3-8

序号	分项	单价	单个消耗量	小计
1	25mm×25mm×2mm方钢管	8.8元/m	8	70.4元
2	镀锌钢板	4.2元/kg	23.5	98.7元
3	人工费	300元/天	0.1	30元
4	用电费	1.00元	9.8	9.8元
5	机具使用费	2000.00元	0.01	20元
6	合计			228.9元

(3) 适用范围及应用前景

适用于施工现场小型构件焊接防护。电焊防护棚对加快施工进度、降低对周围环境的光污染的产生以及防止火灾的发生具有显著地效益。

8.定型化焊接防护屏挡运用技术

(1) 技术内容

由于钢结构焊接作业具有位置不确定性，无法完全在防护棚内进行，但在露天作业时会对外界产生各种各样的危害，同时无法避免火灾的发生。在焊接施工区域，可按照实际情况进行定型化焊接防护屏挡的组装，使得焊接作业在一个临时封闭环境中进行。

(2) 技术要点

通过对施工项目和市场调研，统计项目施工过程中各类焊接防护屏挡的做法，确定现阶段更为有效的焊接防护屏挡，各类型焊接防护屏挡对比分析见表4-3-9。

各类型焊接防护屏挡对比分析表 表4-3-9

种类	性能特点	成本分析
镀锌钢板防护屏挡	(1)耐久性高,不易破坏; (2)材料偏重,不便于搬运; (3)不绝缘,易发生触电事故	镀锌钢板4.2元/kg; 方钢管8.8元/m; 可周转使用100次以上; 合计:2.00元/m^2/次
焊接防护毯	(1)材料轻便,组装方便; (2)防火绝缘,保证人员安全,防止火灾发生; (3)耐久性较差	110元/套(1.74m×1.74m); 可周转使用30次以上; 合计:1.21元/m^2/次
防弧光软门帘	(1)材料轻便,组装方便; (2)防尘、防火花外溅; (3)防紫外线照射、防止人的眼睛在焊接过程中受到损害	门帘8元/m(1.72m宽); 方钢管8.8元/m; 可周转使用50次以上; 合计:0.797元/m^2/次

续表

种类	性能特点	成本分析
乙烯基防护屏挡	(1)滤除辐射危害的强光、红外线、紫外线等； (2)可抑制火花、烟气、碎屑的飞扬扩散，防火阻燃及耐磨损，防止火灾发生； (3)组装方便，便于周转，周转次数可达100次以上	220元/套(1.95m×2m)； 可周转使用100次以上； 合计：0.56元/m^2/次

通过对比分析，新型乙烯基防护屏挡组装搬运方便，抑制光污染，周转次数多，单次周转成本较其他屏挡低，经济效益明显。现场屏挡选型视现场实际情况而定。

图 4-3-12　定型化防护屏挡

(3) 适用范围及效果

适用于任何现场加工的钢结构焊接施工区域，并且组装方便，使用灵活，周转效率高，降低使用成本，具有很好的经济效益。

9. 光污染智能监测技术

(1) 技术内容

光污染智能监测系统是指集光信号监测、采集、传输、转化及处理反馈为一体的实时在线监测系统，包括信号收集变送系统、数据采集传送系统和数据处理反馈系统三部分（图 4-3-13）。

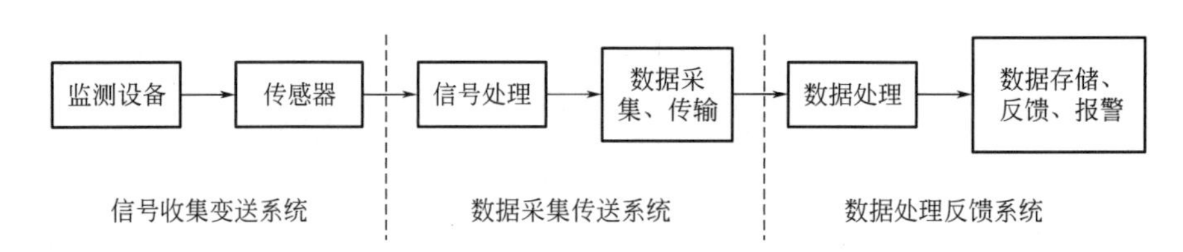

图 4-3-13　光污染智能监测系统流程图

然而，现有的光污染监测装置上缺少有助于光强度监测仪位置转动的装置，不能实现光强度监测仪对各个方位的光强度监测，无法满足实际情况的需求。针对上述问题，借鉴各行业优秀做法，现发明一种光污染监测装置，可用于现场光强度监测。

此光污染监测装置结构简单、合理，通过转向机构实现两个方向的转动，这两个转动方向相配合，从而使得光强度监测模块最大化的接收到四周的光线，从而提高装置的监测精度，实用性强（图 4-3-14）。

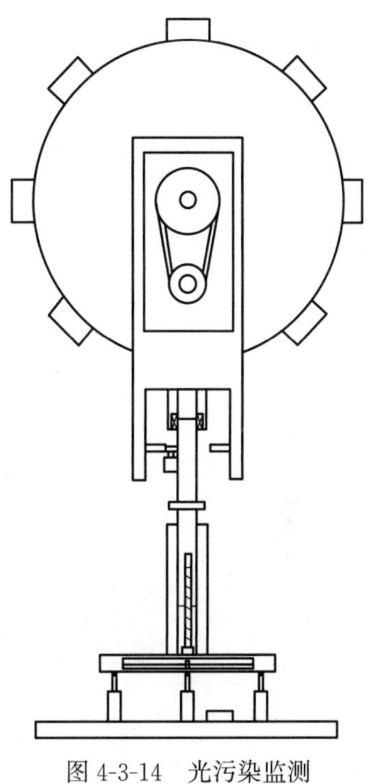
图 4-3-14　光污染监测装置设计原理图

（2）技术要点

光污染智能监测系统具备以下功能：

1）实时监控：根据现场情况在现场易出现光污染位置设置照度监控设备，全程跟踪记录照度变化情况，进行数据采集、记录和传输。

2）监测精度高：结构简单、合理，可使光强度监测模块最大化的接收到四周的光线，从而提高装置的监测精度，实用性强。

3）超标报警快：根据与设置标准数据对比，将光照度超标区域在计算机终端进行报警提醒。

4）数据分析全：结合统计数据进行多方位综合分析，生成记录曲线图，采用 EXCEL、WORD 等专用软件处理。

（3）适用范围及前景

适用于全部建筑施工现场。通过运用光污染智能检测技术，及时、准确地掌握施工现场光污染分布情况，根据监测结果实现动态控制，并及时做好调整。营造绿色、节能、环保的施工环境，为工程光污染控制管理提供了先进的科技手段和强有力的技术保障。

10. 临边挡光壁运用技术

（1）技术内容

挡光壁是一种挡光措施，是在上述方式均无法完全避免光污染，而在末端控制阶段为避免光污染到达接受者，所在光污染传播过程中插入的保护屏障。它可直接有效地将受保护者隔离，使受保护者远离光污染。

但是挡光壁必须克服三方面的难题：第一，它要具备足够的强度和稳定性，保证可以长时间在恶劣的室外环境下工作；第二，具备可周转性，周转重复利用可以大大降低其成本，否则一次投入较大，可实用性较低；第三，白天不影响居民正常采光，如果在夜晚让挡光壁发挥作用，就必须在尽可能的条件下，将挡光壁增高去遮挡照明灯具的散射光线，但这种情况下会影响居民在白天的正常采光，无法满足人们的正常生活。

定型化临边挡光壁根据定型化围栏和活动百叶窗的原理进行设计（图 4-3-15），既保证足够的强度和可周转性，又可利用百叶窗调整角度，保证白天居民正常采光。

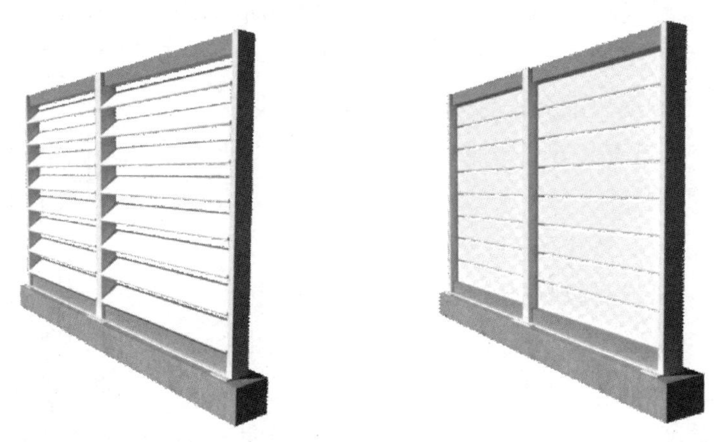

图 4-3-15　定型化临边挡光壁 3D 模型设计

（左侧为开启状态，右侧为关闭状态）

（2）技术要点

定型化临边挡光壁主龙骨采用方钢管焊接而成，百叶采用铝合金板材，强度高、塑性好。挡光壁整体设计为浅色非亮色，以免产生白亮污染，深色易吸热，会造成居民区夏季温度升高。

夜晚施工时，将百叶挡光板关闭，施工照明不影响居民休息；白天，将百叶挡光板打开，不影响居民正常生活采光（图 4-3-16）。

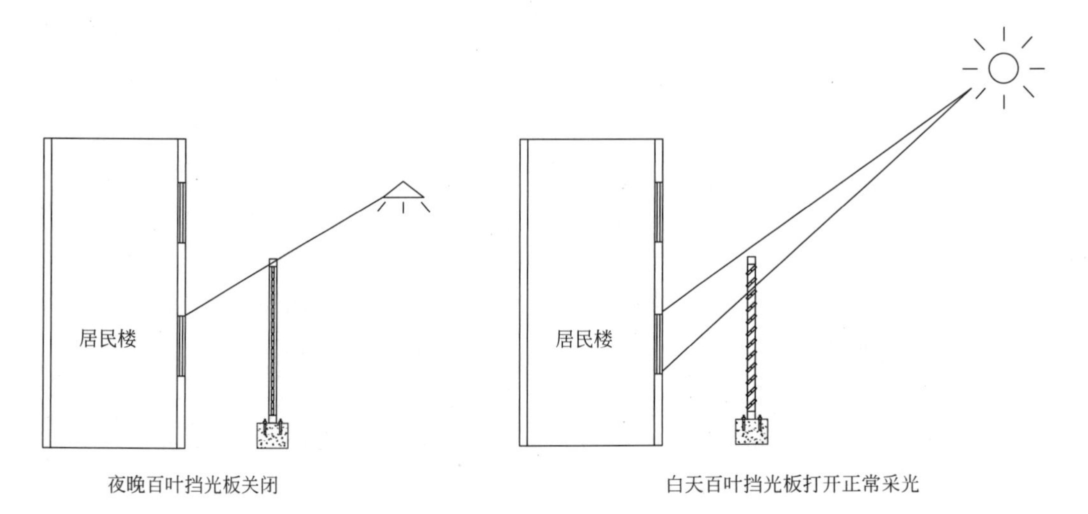

图 4-3-16　定型化临边挡光壁工作原理图

1）标准化挡光壁设计

标准化挡光壁可依据标准化施工围挡（固定式）设置：离地 3m 高，立杆高 2.5m，间距 3m，立柱为尺寸 100mm×100mm×2mm 的方钢管，外设为尺寸 121mm×121mm 的 X-125PVC 型材；横杆内衬为尺寸 40mm×40mm×1.5mm 的方钢管。围挡下部设高 50cm 的基脚，外侧用水泥砂浆抹灰，刷黄黑相间警示漆，条纹宽度 1m。百叶采用铝合金板材。经受力分析，可满足要求。

标准化挡光壁成本分析表见表 4-3-10。

标准化挡光壁成本分析表（以 3m 为一个单元）　　表 4-3-10

序号	项目名称	单位	数量	单价(元)	总价(元)
1	100mm×100mm×2mm 方钢管	m	3	28	84
2	40mm×40mm×1.5mm 方钢管	m	3	9.5	28.5
3	混凝土基础 C20	m^3	0.75	240	180
4	铝合金百叶	m^2	7.5	100	750
5	自动控制配件	/	/	/	250
6	人工费	m^2	9	30	270
7	总计(元)	1562.5			

2）增高型挡光壁设计

根据项目实际情况，需用增高型挡光壁遮挡照明灯具的散射光线。增高型挡光壁须校核立杆在风荷载作用下的抗倾覆性能及截面强度，可采用增大立柱截面、增加抛撑或缆风绳等措施以保证立杆稳定性。以挡光壁增高至离地 6m 为例，位于某沿海城市 C 类“有密集建筑群的城市地区”，立杆高 5m、间距 3m，立柱为尺寸 150mm×250mm×5mm 的钢管，横杆内衬为尺寸 40mm×40mm×1.5mm 的方钢管。围挡下部设高 1000mm、宽 1000mm 的混凝土条形基础，基础下部配置 ϕ16@150 钢筋，外侧水泥砂浆抹灰，刷黄黑相间警示漆，条纹宽度 1m。立柱埋入基础内，基础内预埋钢板与立柱通过 8M20 地脚螺栓连接。百叶采用铝合金板材。经受力分析，可满足要求。

增高型挡光壁成本分析表见表 4-3-11。

增高型挡光壁成本分析表（以 3m 为一个单元）　　表 4-3-11

序号	项目名称	单位	数量	单价(元)	总价(元)
1	150mm×250mm×5mm 方钢管	m	6	140	840
2	40mm×40mm×1.5mm 方钢管	m	3	9.5	28.5
3	混凝土基础 C30(含钢筋)	m^3	3	330	990
4	铝合金百叶	m^2	15	100	1500
5	自动控制配件	/	/	/	500
6	人工费	m^2	18	30	540
7	总计(元)	4398.5			

通过上述分析可知，挡光壁受风荷载影响较大，增高型挡光壁须对整体结构进行受力校核，立杆截面及基础均须加大，增高型挡光壁整体造价偏高，性价比偏低。

(3) 适用范围及效果

适用于距离居民区较近的施工现场。在光污染通过上述措施均无法避免时，可通过搭设定型化挡光壁避免光污染直接对居民造成危害。挡光壁是在光污染无法避免时，不得不采用的末端控制措施，被动性较大，应用前提条件较多，但作为光污染控制的最后一道防线，某种情况下它存在的价值也是不容忽视的，但它整体的造价较高，性价比偏低。可与隔声屏结合使用，合二为一，降低总成本。

第四节　技术发展导向及趋势

以“绿色”为目的、以“智能”为手段，节约能源、减少污染，是绿色建筑发展的重要方向。

1. 推广使用新型节能光源

现阶段虽然有大多数地方会使用节能光源，但还有一些场所却未能做到。在大力推广使用节能光源的时候，关注的重点往往是住宅、商场等永久性建筑，却容易忽视建筑工地临时建筑设施。建筑施工现场要大力推广使用新型节能光源，在满足施工要求的同时，节约能源、降低污染，才能真正意义上的实现绿色施工。

2. 改进施工工艺和操作方法

避免采用易产生光污染的施工工艺和操作方法是防治光污染的根本。对原有工艺方法进行改进，加快新技术、新工艺的开发，从源头上控制光污染。

3. 评估工地照明计划，加强源头控制

严格评估建筑施工现场的照明计划，规范现场平面布置，优化现场照明设置。根据实际情况在需要照明的地方设置光源照射，其他地方则尽可能去除光源或削弱光源亮度，既可节能，又能减少光污染。

4. 在线实时监测系统的完善

相比大气污染、噪声污染或者是水污染等污染源，光污染还没有一套完整、成熟的在线实时监测系统，导致施工现场无法对光污染进行量化的监测。现阶段需要将光污染监测系统完善，通过全天候光强监测，及时、准确地掌握施工现场光污染分布情况，根据监测结果实现动态控制，并及时做好调整，提升工程安全文明施工管理

水平。

5. 智能化技术应用

目前智能化技术已经得到了长远的进步，并且随着智能化技术的不断优化和发展，在各行各业中已经得到了越来越广泛的应用。将智能化技术应用到绿色建筑中，积极开发和利用智能化技术用于环境污染防治工作，提高资源可持续利用率，实现建筑的现代化建设。

第五节　技术发展的建议

毋庸置疑，光污染已成为城市建设中一种新的环境污染，其危害日趋严重。建筑施工不仅要为市民建造一个优美、舒适的生活环境，还要在建造过程中保证市民的健康生活、生态生活。

1. 提高防治光污染的意识

强化责任意识，加强光污染宣传工作，进一步统一思想、提高认识、凝聚建筑工地光污染防治的工作合力。同时，要倡导居民和施工人员增强个人防护意识，按需求并及时采取个人防护措施，如戴防护眼镜和防护面罩等。

2. 建立健全监管机制

环境管理部门要高度重视建筑施工光污染防治工作，加大建筑施工光污染防治专项日常检查力度，督促相关单位认真落实各项防范措施。对光污染严重或被投诉的施工单位进行严肃查处，并记录不良行为。

3. 加大防治光污染技术研究投入

要加大防治光污染技术研究方面的支持力度，包括新型节能环保电光源的研发及健康舒适照明光环境设计等的研究。出台光污染防治及测量方面的标准和规范。同时，建立健全防治光污染的法律法规，要控制光污染就要在法律法规中建立直接、具体的规定。要加强城市规划和管理，科学规划照明工程。

4. 加强“四新”技术的研发

重视建筑工程中的光污染问题，才能更好地实施防治光污染的技术研究。在科技高速发展的今天，要加快科技研究步伐，并借鉴国外防治光污染的经验和措施，树立生态、环保、节能的理念，加强对绿色建筑材料和灯具产品的开发工作。

5. 加强各污染源的综合控制

施工现场各阶段的污染并不是各自独立的，往往一项污染源的产生，都会伴随着另一项或多项污染源的产生，因此，污染源的防治并不能仅局限于单项污染源的防治，要对各项污染源进行综合控制。

6. 增加对光污染指标的量化管理

由于光污染的难以感知，很难引起人们的重视。光污染对城市、社会和人造成的影响，缺乏相关的程序和依据可以遵循；在量化评价上，侵害程度也缺乏依据。有效的光污染评价办法，要将评价指标和评价程序相结合，在可能造成光污染的环节进行评价和监测，将有害光减少到不对人和周围环境危害的水平。

7. 增大绿化减缓光污染

不同的受光体对光的吸收和反射能力不同，绿色植物可以将反射光转变为漫反射，从而达到防治光污染的目的。因此，施工现场要扩大绿地面积，实施绿化工程，改平面绿化为立体绿化，这可以减少施工现场周边区域的光污染。

第五章

施工现场扬尘控制技术

第一节　概述

1. 基本情况

根据中华人民共和国环境保护行业标准《防治城市扬尘污染技术规范》HJ/T 393—2007 定义，施工扬尘是指“在城市市政基础设施建设、建筑物建造与拆迁、设备安装工程及装饰修缮工程等施工场所和施工过程中产生的扬尘”。

施工扬尘是发展中城市大气可吸入颗粒物（PM10）的主要来源之一，同时还有一定比例的细粒子，因此也是可吸入颗粒物（PM2.5）不可忽视的重要来源。工地扬尘排放量和施工规模、作业方式、气候、地质条件、扬尘控制措施等因素有关。施工扬尘属于典型的无组织排放源，具有污染过程复杂，排放随机性大、难以量化等特点。

随着社会经济科技的发展，扬尘污染已成为当前城市大气污染的主因，治理城市扬尘污染和改善空气环境质量已经是迫在眉睫。国内外针对建筑施工扬尘控制技术的研究始于 20 世纪 70 年代，学者们从扬尘产生的原因、排放路径及排放特征等入手，控制扬尘污染的技术主要集中在遮挡、洒水和使用抑尘剂等方面。进入 20 世纪 90 年代后，扬尘控制技术日益成熟，目前世界上常用的扬尘控制技术分两种形式：其一是防止措施；其二是抑制措施。防止措施是指通过改变生活或生产活动模式，阻止扬尘的产生途径或改变扬尘的排放模式，从前端控制扬尘的产生，如对非铺装道路进行铺装、裸露地面硬化或绿化、扬尘操作工艺进入室内等。抑制措施是采取工程手段减少扬尘的排放强度，如洒水、覆盖、围挡、冲洗等。从某种意义上讲，防止措施是更有效的措施。

从纯技术角度出发，大多数扬尘控制措施的技术难度并不是很大，扬尘控制效果决定于根据具体情况因地制宜地采取经济有效且利于监控的措施。通过对全国 6 个在建工程进行调查，目前施工现场主要扬尘控制技术共计有 20 项（表 5-1-1），按照技术区分共划分为“收集技术”、“改良技术”和“创新技术”三个部分。

施工扬尘控制技术清单（一） 表 5-1-1

序号	技术名称	控制技术形式	技术区分
1	混凝土静力爆破技术	收集	收集技术
2	高层建筑垃圾垂直管道运输技术	抑制	改良技术
3	静力拆除、绳锯、水钻机及水锯降尘技术	防止	收集技术
4	全自动洗车台控尘技术	抑制	收集技术
5	木工机械布袋吸尘机技术	防止	改良技术
6	吸尘机应用技术	防止	收集技术
7	管道喷雾降尘技术	抑制	改良技术
8	喷雾机降尘技术	抑制	改良技术
9	人工洒水降尘技术	抑制	收集技术/创新技术
10	现场路面及基坑周边自动喷淋降尘技术	抑制	改良技术
11	化学抑尘剂应用技术	抑制	收集技术
12	生物抑尘剂应用技术	抑制	收集技术
13	防尘棚应用技术	抑制	创新技术
14	绿化降尘技术	抑制	收集技术
15	防尘网运用技术	抑制	创新技术
16	特殊环境空气净化应用技术	抑制	收集技术
17	扬尘监测技术	——	收集技术
18	推拉封闭式垃圾料斗应用技术	防止	创新技术
19	无尘自吸打磨机应用技术	抑制	改良技术
20	可控制渣土装载扬尘抑制技术	防止	创新技术

2. 施工扬尘的来源

建设工程施工期间排放的扬尘与地面清除、打孔爆破、拆除粉碎、地面挖掘、土方工程、材料加工、生产作业、设备安装等工艺情况，以及所使用设备的性能密切相关。建设施工扬尘中粒径较大的颗粒会上下飘动，并在扬起后短时间内即沉降到工地附近地面并形成降尘。粒径较小的颗粒则会随风飘逸，进入大气中形成总悬浮颗粒物，其中不乏 PM10 和 PM2.5 并随风传送到工地之外很远的距离。建设工地内施工扬尘的主要来源可归纳为以下几方面：

（1）未铺装或未硬化道路

车辆行驶在工地内未铺装或未硬化的道路上，轮胎对道路表面的作用力使轮胎碾碎了道路表面材料，颗粒物随着转动的轮胎上升和下沉，同时路面暴露于强烈的空气流之下，受到其端流剪切作用，颗粒物将散布到大气当中。而且，车辆通过之后，端部尾流会继续作用于路面。

（2）铺装道路

当车辆行驶在工地内铺装道路上时也会有颗粒物排放。颗粒物的排放直接来源于车辆尾气、刹车片和车轮的磨损、路面松散物质的重新悬浮等，车辆行驶也会造成铺装路面的磨损破坏。一般情况下，重新悬浮的颗粒物主要来源于路面上的松散物质，同时，表面尘土通过其他来源不断得到补充，如：车辆物料遗撒、物料从未铺装道路和物料中转区被带出。

（3）物料装卸

建筑工程中物资流通量极大，特别是工程物资的输入，这些工程物资多数是通过货车运进或运出。在这些工程物资的转移过程中除了产生道路扬尘外，在工程物资装卸过程中会产生作业扬尘。

（4）拆除作业

大城市里的建筑工程通常是在旧建筑的基础上开始建设的，旧建筑被人工或机械拆除，以及建筑废渣的破碎、堆积和装卸过程都会造成扬尘污染，并且可能将旧建材中的石棉纤维散布到空气中，严重影响人体健康。

（5）裸露地面和易扬尘物料堆放

受到风蚀作用会有颗粒物排放，砂石等易扬尘材料的装卸和运输过程都会产生扬尘，特别是在强风和干燥季节时其排放量更大。

（6）地面平整

平整地面需要破碎、挖土、填土及压实等操作。在场区平整阶段，施工机械行驶在裸土面上，如果裸土面干燥且车辆行驶速度较快时会产生大量的扬尘。

（7）土方工程作业

土方开挖、回填、装卸、运输时会产生较严重的扬尘排放，开挖土方和拆除建筑废渣的运出以及回填土方的运进，运输量非常大，建设工地很大一部分的扬尘排放是由于设备、车辆在建设工地内临时修筑的道路上行驶引起的。

（8）混凝土砂浆搅拌和喷浆作业

施工现场不可避免地还会有混凝土或砂浆的搅拌，水泥或外加剂的拆袋倾倒。在混凝土或砂浆材料的搅拌，以及用混凝土喷射机喷浆施工时，容易将颗粒物散布到空气中。另外，模板拆卸及转运都会产生相应的扬尘。

（9）打孔、切割、剔凿

在模板加固、设备安装、装修以及小市政施工时，经常会有一些打孔、切割和剔凿等作业，如果不采用湿法或其他有效控制扬尘的操作，都会产生颗粒物排放。

（10）现场清理和垃圾外运

在正常施工的过程中，特别是不同工种交接之间，需要进行现场清理，将建筑垃圾从作业现场移出。从现场清理到垃圾转运的过程中，都会产生扬尘排放。

（11）绿化

绿化几乎是每一个新建建筑物所包括的内容，除了一些必备的水、电设施，绿化工程的“整地”也是一个扬尘排放较大的过程，如粗整（去除建筑垃圾、废弃物等各类“垃圾”，去“死土”，并采取外运、就地填埋等方式进行处置），转运/回填土（去高填低、去劣保优等），挖槽沟/树穴等施工。

（12）其他

特殊作业施工，如爆破、凿岩等施工过程中引起的扬尘。

3. 施工扬尘的特征

施工现场扬尘是典型的无组织扬尘，它具有很高的排放趋势，可以在短时间内严重影响当地的空气质量。除了排放潜势高以外，施工扬尘的最大特点是其多变性，几乎突出地体现了无组织排放的所有特点，是最难以把控的无组织扬尘，污染呈时空多变、形式多元等复杂特征，监测、评价和管理都比较困难。施工扬尘的具体排放特征主要有以下几个方面：

（1）工程类型

施工扬尘所涉及的工程类型繁多，而不同的工程类型又呈现出不同的污染规律。如建筑物建造与道路交通建设的扬尘排放就存在很大差别。

同样的工程类型也会因不同的建设形式显示出不同的污染规律，如同为建筑物建造的砖混结构、混凝土结构、钢结构等均具有各自的扬尘排放规律。同样的建筑形式，扬尘排放量又和土方工程量或地下建筑面积大小等有关。

（2）施工工艺

同样的工程类型、工程形式但是采用不同的施工工艺，其扬尘排放也大相径庭。如在工程建设中的混凝土施工，采用预制构件还是采用现场浇筑，采用混凝土和砂浆的现场搅拌还是预制配送，扬尘排放强度均不相同。

（3）施工阶段

以建筑工程为产品的施工属于典型的阶段式生产，每一个阶段使用的材料、机械、工艺都不相同，采用的工程技术不完全相通。对于一个单体建筑物的建设，可能需要经过地面物拆除和现场准备、土方开挖和回填、地基与基础、结构工程、设备安装工程、装饰装修等工程阶段，如果是毛坯房交付的民用住房建筑，还会经过一个由各家各户组织施工的，分散而漫长的装修过程。对于多个单体建筑物组成的建筑群来讲，不同的单体建筑会处于不同的施工阶段，这更加增加了扬尘排放的复杂性。

不同施工阶段的施工时间和扬尘排放强度是不同的。如建筑物拆除工程，扬尘排放强度大，但施工时间短，因此扬尘排放量小于同等面积建筑物的结构、设备安装、装修等工程。

(4) 管理措施

扬尘管理措施在很大程度上决定了施工扬尘的排放量，相同施工项目不同管理力度可能导致其扬尘排放量相差许多倍。

(5) 自然条件

自然条件如风、雨、空气湿度、地质情况等都会对施工扬尘排放产生影响，相同的城市在不同季节，施工扬尘也会不同。

施工扬尘是发展中城市大气可吸入颗粒物（PM10）的主要来源之一，工地扬尘排放量和施工规模、作业方式、气象条件、地质条件、扬尘控制措施等因素有关。施工扬尘属于典型的无组织排放源，具有污染过程复杂、排放随机性大、难以量化等特点。

1）开放性

建筑施工场地是典型的开放性、无组织扬尘排放源。建筑施工扬尘污染具有污染源点多面广、污染过程复杂、排放随机性大、起尘量难以量化、扩散范围广、管理难度大等特点。扬尘在空间的扩散范围与工程规模、施工工艺、施工强度、起尘量大小、施工现场条件、管理水平、机械化程度、所采取的抑尘措施等人为因素及季节、现场土壤性质、气象条件等自然因素有关，是一个很难定量的问题。

2）阶段性

施工扬尘污染主要集中在地基开挖和回填阶段，这两个阶段主要以土方施工为主，易造成较为严重的扬尘污染。地基建设阶段由于人员活动较频繁，且有大量建筑材料在现场处理，扬尘造成的污染也较高，而一般施工阶段扬尘污染明显减轻，远低于其他施工阶段。

3）影响范围广

由于施工扬尘排放具有无组织排放源的特点，传统的通过轻便风向风速表或人造烟源，按照现场实际的风向流动规律，依靠经验判断最大污染浓度的可能位置进行监测点布设的方法，在环境复杂的施工场地以及受地形因素影响下已经越来越难以实施。因此，采取新的有效、简便措施分析和描述施工场地局部地区风场分布与风速抑制措施成为了施工扬尘监测与控制的核心内容。

4. 控制技术发展情况

施工扬尘控制措施一般可以分为防止与抑制两种类型。防止是指通过改变施工活动工艺等手段，阻止扬尘的产生途径或改变扬尘的排放模式，从源头控制扬尘的产生，如清洁技术替代传统技术工艺革新等。抑制主要采用减缓与隔离两种办法，减缓措施则是通过采取工程手段减少扬尘的排放强度，如洒水、覆盖、围挡、冲洗，隔离措施是指通过采用屏障阻隔、吸附扬尘对外界传播、影响的途径，如防尘棚、防尘网等。从某种意义上讲，防止措施是更有效的措施，需要得到比抑制措施更大的关注度。施工现场扬尘控制技术主要包括以下几类：

1）采取各类清洁技术替代传统技术。如以商品混凝土、预拌砂浆替代现场混凝土和砂浆搅拌，采用真空吸尘机替代人工清扫进行现场垃圾清理等。

2）降低施工活动强度，减弱扬尘排放。如施工现场降低运输车辆的车速、大风天停止施工等。

3）增加裸露粉尘颗粒物之间的凝结力，降低扬尘排放趋势。如喷（洒）水，喷（洒）化学抑尘剂等。

4）利用隔绝物阻止颗粒物的扬起或捕捉已扬起的颗粒物，如铺装路面或铺级配砂石、覆盖植被等。

5）降低风速以减少颗粒物的扬起，如防尘网、围挡等。

1）、2）可认为是防止措施，3）～5）为抑制措施。总体来说润湿或封闭抑尘和减缓风速是目前施工现场控制扬尘最常用的手段。

常规施工扬尘控制措施见表5-1-2。

常规施工扬尘控制措施 **表5-1-2**

扬尘排放源	推荐的控制措施
散料处理	风速减缓、润湿
货车行驶	润湿、道路铺装、化学抑尘剂
大型推土机	润湿
铲运机	行驶道路润湿
挖/填物料处置	风速减缓、润湿
挖/填运输	润湿、道路铺装、化学抑尘剂
一般施工活动	风速减缓、润湿、提前进行道路铺装

通过对全国6个在建工程进行调查，目前施工现场主要扬尘控制技术共计有20项，分别是：混凝土静力爆破技术，高层建筑垃圾垂直管道运输技术，静力拆除、绳锯、水钻机及水锯降尘技术，全自动洗车台控尘技术，木工机械布袋吸尘机技术，吸尘机应用技术，管道喷雾降尘技术，喷雾机降尘技术，人工洒水降尘技术，现场路面及基坑周边自动喷淋降尘技术，化学抑尘剂应用技术，生物抑尘剂应用技术，防尘棚应用技术，绿化降尘技术，防尘网运用技术，特殊环境空气净化应用技术，扬尘监测技术，推拉封闭式垃圾料斗应用技术，无尘自吸打磨机应用技术，可控制渣土装载扬尘抑制技术。

第二节　技术清单

见表5-2-1。

施工扬尘控制技术清单（二）　　表 5-2-1

序号	技术名称	类别	使用建议
1	混凝土静力爆破技术	防止	■重要　□一般
2	高层建筑垃圾垂直管道运输技术	抑制	□重要　■一般
3	静力拆除、绳锯、水钻机及水锯降尘技术	防止	■重要　□一般
4	全自动洗车台控尘技术	抑制	■重要　□一般
5	木工机械布袋吸尘机技术	防止	□重要　■一般
6	吸尘机应用技术	防止	□重要　■一般
7	管道喷雾降尘技术	抑制	■重要　□一般
8	喷雾机降尘技术	抑制	□重要　■一般
9	人工洒水降尘技术	抑制	□重要　■一般
10	现场路面及基坑周边自动喷淋降尘技术	抑制	□重要　■一般
11	化学抑尘剂应用技术	抑制	□重要　■一般
12	生物抑尘剂应用技术	抑制	■重要　□一般
13	防尘棚应用技术	抑制	■重要　□一般
14	绿化降尘技术	抑制	■重要　□一般
15	防尘网运用技术	抑制	□重要　■一般
16	特殊环境空气净化应用技术	抑制	□重要　■一般
17	扬尘监测技术	—	■重要　□一般
18	推拉封闭式垃圾料斗应用技术	防止	■重要　□一般
19	无尘自吸打磨机应用技术	抑制	■重要　□一般
20	可控制渣土装载扬尘抑制技术	防止	■重要　□一般

第三节　具体技术介绍

1. 混凝土静力爆破技术

(1) 技术内容

混凝土静力爆破是采用无声破碎剂和水按照一定的配合比搅拌均匀，灌入通过事先在混凝土构件上钻好的孔洞，由于物理化学反应，液体固化后体积膨胀，从而在混凝土结构内部产生巨大的拉应力，导致混凝土结构被均匀的破坏，从而达到易于拆除的目的。

其原理是：人工钻孔后，在静力爆破剂的作用下使岩石胀裂、产生裂缝，再用风镐拆解岩石，破除岩石而达到开挖目的。因此，静爆产品直接影响爆破开挖效果。

先在混凝土上钻孔，然后填装静力爆破剂，静力爆破剂在 20～25h 后产生物理化学反应，生成膨胀性结晶体，体积增大至原来的 2～3 倍，在炮孔中产生 30～50MPa

的膨胀力，将混凝土胀裂破碎，然后利用机械结合人工将混凝土破碎成小碎块，分离钢筋后清运。

工艺流程如下：

放线布孔→钻孔→清孔→填装静力爆破剂→破除结构保护层→割除混凝土结构箍筋→破碎混凝土结构→混凝土碎块与钢筋分离→混凝土碎块清理

(2) 技术要点

混凝土静力爆破技术相比于传统的人工拆除技术可较大幅度降低人力投入，缩短工期，12h 内可完成破碎。

人工造孔简单，只需使用时将爆破剂按配合比要求用水搅拌后灌入钻孔中。

静力爆破剂属于非燃、非爆、无毒物品，是一种含有铝、镁、钙、铁、氧、硅、磷、钛等元素的无机盐粉末状破碎剂，用适量水调成流动浆体，直接灌入成孔中，经水化后产生巨大膨胀压力，并传递给孔壁致混凝土或岩体悄悄破碎。它具有高效率、操作简单、安全、成本低、易管理的先进性。其中，静力爆破剂的化学反应式为：$CaO+H_2O \longrightarrow Ca(OH)_2+6.5\times10^4J$，式中 CaO—氧化钙，$H_2O$—水，$Ca(OH)_2$—氢氧化钙，J—焦耳（热量单位）。

静力爆破在破碎过程中无震动、无飞石、无噪声、无毒、无污染。且静力爆破剂不属于危险品，可按普通货物进行运输和储存。

(3) 适用范围及效果

适用于施工场地受限，场地周边为大型商业办公楼或居民密集区，深基坑钢筋混凝土内支撑及环保要求高的爆破拆除工程。

混凝土拆除如果采取传统的机械拆除或爆破拆除，都会产生大量的粉尘、噪声等，使得环境污染严重。静力爆破利用材料的物理化学反应，让混凝土从内部自身破碎，节能省力的同时，很大程度上减少扬尘及噪声污染，环保效益高，推广价值强。

2. 高层建筑垃圾垂直管道运输技术

(1) 技术内容

传统的楼层建筑垃圾处理方式为：工人用手推车将垃圾通过施工电梯运至指定地点，这种方式不仅耗费大量的人力、物力，而且运输效率相对较低；同时在运输过程中的扬尘难以得到控制，对现场文明施工造成不良影响。为了经济、高效地处理建筑施工中楼层中的垃圾，而设计了一种竖向的临时垃圾下料体系。利用建筑自身结构，通过设置垂直运输管道，将楼层内建筑垃圾及时运送至指定的堆放地点，解决建筑垃圾垂直运输的难题。

此临时垃圾垂直运输管道由首层至楼顶均有设置，且在楼层与楼层之间串联使用。首层设有全封闭垃圾池，工人将所在楼层垃圾通过倒入垃圾管道运输至垃圾池。

设置垂直运输通道，可选用上下贯通的井道或孔洞，也可选择一处合适位置在结构上预留后补孔洞。高层建筑可利用上下贯通、大小适中的预留洞口，例如通风管道、管道井、电梯井等设置建筑垃圾垂直运输管道。

其技术原理是：利用结构本身的上下贯通通道，搭设垂直运输管道，管道内设置重力势能释放缓冲坡道，使楼面固体垃圾通过通道直接传送至地面，减少垂直运输工具能耗的同时，降低扬尘污染。

此垃圾垂直运输管道下料装置包括：设在结构首层的垃圾收集箱，连接在结构内壁上的输送管、连通在垃圾池与输送管底端之间的出料管以及间隔连通在输送管一侧的下料管口；输送管沿楼结构高度方向设置，包括承插连接的标准节和缓冲节，缓冲节间隔连接在标准节之间；输送管的标准节通过三角连墙件和 U 形环螺母竖直连接在结构的内壁上。三角连墙件包括：水平杆、竖直杆及连接在两者外端部之间的斜撑杆；标准节的上端卡在 U 形环螺母的圆弧内，U 形环螺母的两端通过螺栓连接在水平杆上；竖直杆通过连接件与结构固定连接。连接件大样见图 5-3-1。

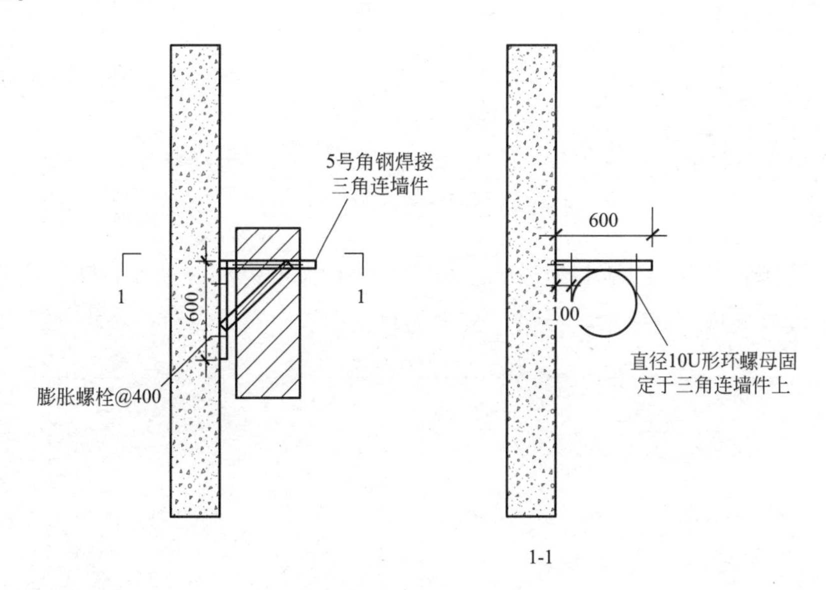

图 5-3-1 连接件大样

缓冲节整体呈弧形，包括上倾斜段、竖直段和下倾斜段。上、下倾斜段与竖直段之间的夹角均为 135°，上倾斜段的上口竖直向上弯折、弯折弧度为 135°，且上口端部设有宽 30mm 的插槽，下倾斜段的下口竖直向下弯折、弯折弧度为 135°，且下口对应上口插槽设有宽 20mm 的凸肋，竖直段的一侧设有检修口。检修口上设有检修门。缓冲节的检修口上的检修门的一端通过铰接合页与竖直段铰接连接，另一端通过活动插销与竖直段活动连接。

标准节呈直线形，上口沿环向设有宽 30mm 的插道、下口对应插道设有宽 20mm

的凸边；标准节的下部设有矩形插口。

下料管口为圆弧形管口、横截面为矩形，且上口水平、下口竖直。下口对应插接在标准节的插口内，上口盖有活动翻板，活动翻板的一端通过连接合页连接在上口内侧、另一端顶面螺栓连接有把手，把手为弧形把手，两端通过螺栓连接在活动翻板上。

卸荷弯管及下料口大样见图 5-3-2。

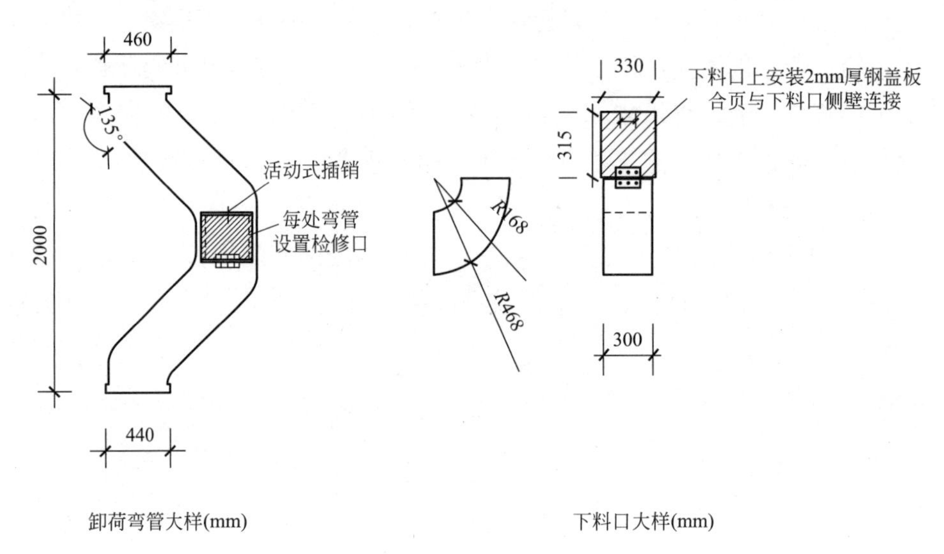

图 5-3-2　卸荷弯管及下料口大样

出料管倾斜设置，其上口竖直向上弯折、弯折弧度为 135°，且上口端部对应标准节的凸边设有插道。直管大样及最下部出料口见图 5-3-3。

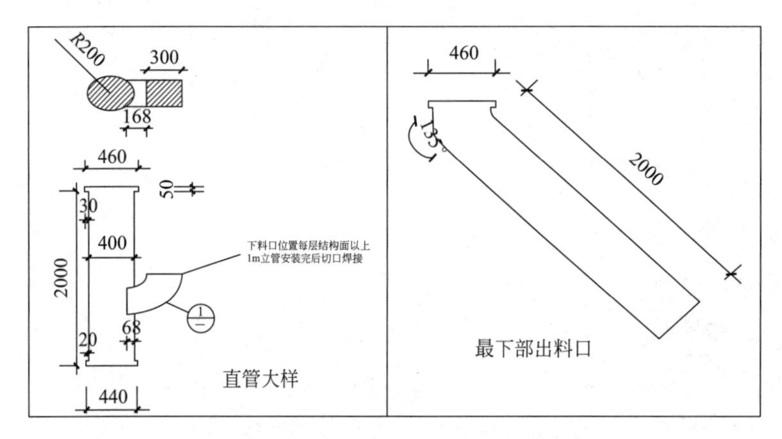

图 5-3-3　直管大样及最下部出料口

垃圾收集箱为矩形封闭结构（图 5-3-4），其一对侧壁上开有双扇门，另一对侧壁上焊接连接有剪刀撑，内底面铺设有垫板，顶面开有连接出料管的连接口；垫板为钢板或不锈钢板或铁板或木板。

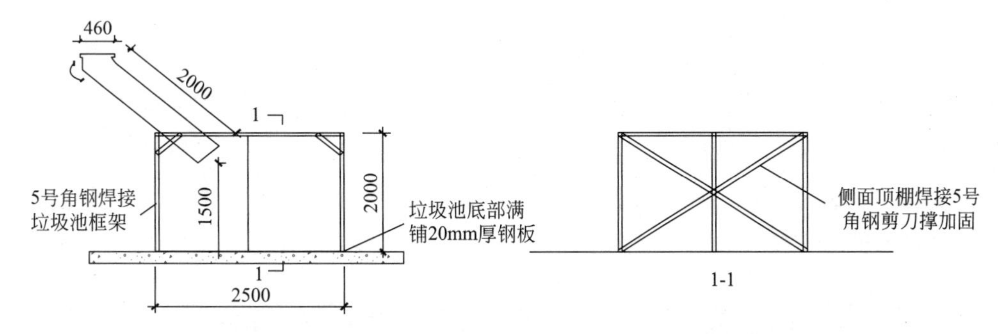

垃圾池采用围挡全封闭，东西两侧为双扇门，顶部根据出料口安装位置进行开洞

图 5-3-4　垃圾收集箱

（2）技术要点

此设备既可以就地取材搭设，也可以采用定型化装置，均可重复利用。较大程度地减少垂直运输设备的占用，具有较高的经济性。

可根据施工场地合理布置在临时运输道路的末端，解决场地狭小并盘活场内交通，分节、分段式安装便利，采用插接方式安装定型化的设备，更具便捷性。

本技术具有减少人工成本、降低运输机械负荷、优化场地布置、降低不安全风险因素、减少粉尘污染等诸多先进性，有较高的推广价值。

建筑垃圾从垂直运输到最终进入垃圾收集箱清运出场的整个过程处于封闭状态，有效地抑制了扬尘污染。施工场地的垃圾也得到了及时的处理，使工人有更大的施工操作空间，增加工人施工作业的安全性。

（3）适用范围及效果

本技术适用于框架、框剪结构或核心筒结构等高层建筑的主体结构施工、二次结构施工等各施工阶段。

其高效运送垃圾，不占用施工电梯，环保、安全，可以大大提高整体施工效率以及文明施工形象，在一定时期内将具有良好的推广应用前景。

3. 静力拆除、绳锯、水钻机及水锯降尘技术

（1）技术内容

静力拆除是通过采用薄壁金刚钻、金刚石切割锯、绳锯等先进设备对钢筋混凝土结构进行静力切割、拆除。此技术目前已广泛应用于钢筋混凝土柱、板、剪力墙拆除，各种管道开洞，抽油烟机排风口开洞及各种设计变更结构改造等。

传统的建筑改造或局部拆除所采用的方法一般是用剔、凿等方法，但无法实现钢筋混凝土结构截面的整齐分离。而且对后续的加固施工造成一定的困难，且造成较大扬尘。而利用绳锯等专业切割设备可真正实现钢筋混凝土结构整齐分离、无损切割，且在切割时辅助以水流，既降温、润湿又抑制扬尘，极大地提高

施工效率，缩短施工工期。

水钻机（图 5-3-5）也被称作带水源金刚石钻或者金刚石钻，属于电动打孔钻眼工具的一种，是一种能在钢筋混凝土、砖石、岩石、陶瓷及耐火材料上钻孔的新型工具。水钻机由机架、金刚钻筒、液压油泵等组成，具有施工精度高、速度快、表面光洁、无粉尘污染等优点。真空盘钻孔机能牢固吸附在平整的建筑物上，无须其他的固定装置，所以对建筑物表面毫无损伤。

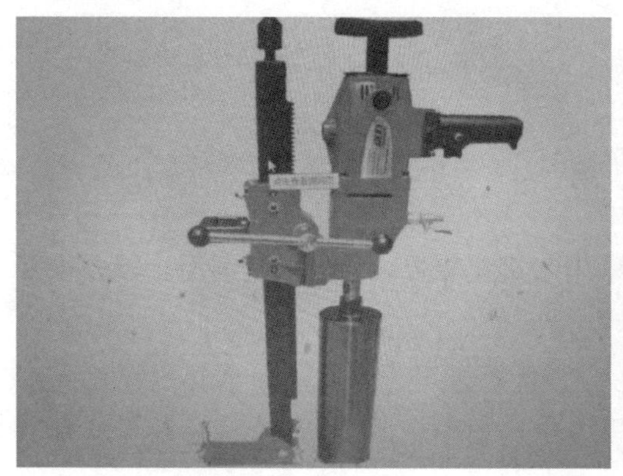

图 5-3-5　水钻机

当需要在钢筋混凝土楼板、墙体增加洞口，宜选用水钻机进行施工，其适用于设备安装，水电、煤气安装，土建质检，机场跑道、公路、铁路、铁路桥隧道等施工、质检、安装领域，具有无粉尘作业、效率高、孔壁光滑、尺寸光滑的特点。

碟式水锯切割机由主机体、碟式切割刀片、行走导轨和液压油泵组成（图 5-3-6），工作口一般采用水冷却，根据动力可分为内燃式和液压式。碟式水锯切割机可准确快捷地切出所需尺寸，且混凝土内的钢筋无须另行切割和熔断，施工切口平直、整齐，无

图 5-3-6　水锯切割机

须善后加工处理。一块长 1m、厚 30～40cm 的混凝土用 60～80min 即可切割完毕。在整个刀片切割过程中，发出的声响为 82dB。该刀片在运动过程中，其运动由曲柄连杆机构完成刀头切割。在切割过程中喷射冷水具有对切割设备本身进行降温及避免扬尘的作用。

水锯切割广泛应用于各类大型建筑的结构改建，门窗、楼梯、电梯、通风井等的墙体切割开口。最大切割厚度可达到 1000mm 的钢筋混凝土结构，目前国内常使用直径为 1200mm 的锯片切割地坪或基础，切割厚度可达 500mm。基础（或地坪）厚度≤500mm 时，主要使用金刚石碟式锯片切割机配合金刚石筒锯钻孔机进行施工。可消除切割施工的盲区，同时保护需要保留部分的混凝土结构不受破坏。设备底座固定牢靠之后，将切割设备对准切割线部位上不断重复切割，直到切透。

金刚石绳锯切割机（绳锯）为链条传动动力装置切割设备（图 5-3-7），是建筑物钢筋混凝土板、梁、墙、柱等结构的切割、拆除以及加固施工适用的切割设备。绳锯对密排钢筋混凝土构筑物、厚砖墙，以及水下结构切割作业均能胜任，可对较厚实的混凝土实现各种切割。绳锯切割作业深度不受限制，可满足墙锯不及的切割深度，具备施工效率高、使用范围广泛、无振动，对原结构无损伤，切割面平整美观，不用再对切割面做修整，切割精度高，环保（噪声小、粉尘少），对切割作业环境和空间无特殊要求等特点。

可以进行任何方向的切割，切割不受被切割体大小、形状、切割深度的限制，广泛使用于大型钢筋混凝土构件的切割。

图 5-3-7　绳锯

水钻机、水锯、绳锯静力拆除工艺流程如下：

架体放线定位、搭设卸荷支撑架——板、柱定位放线——确定切割大小、切割顺序及切割线——计算切割长度——机械定位固定——切割——切割块破碎、清运——切割面剔凿处理——清理工作面。

(2) 技术要点

无振动、噪声低、安全环保，不扬尘、无飞沙走石，不影响钢筋和混凝土之间粘结力，结构不会产生微裂缝。方法简单、可随意切割洞口，对周围环境无损坏，施工截面更加整齐，能够成倍提高工作速度缩短施工工期，进一步降低劳动力成本。在使用过程中辅以水流降温，可保证机器在长时间运转不发烫，使用寿命长。与传统电锤或人工破除等方式相比，有施工尺寸精确、施工精度高、无振动、无噪声、无粉尘等符合环保要求的优点。

(3) 适用范围及效果

本技术适用于一般工业及民用建筑物、构筑物的结构构件，针对较厚混凝土结构、不规则的混凝土结构的开洞、切割、拆除作业。如结构梁、结构支撑构件、桥墩、设备基础等混凝土结构，使用方法灵活。

结合导流槽的浆水收集措施，可大幅度的防止扬尘产生，并降低人工清理成本。

4. 全自动洗车台控尘技术

(1) 技术内容

全自动洗车台（图 5-3-8）是根据各类工程车辆的轮胎及底盘而设计，通过红外感应控制，利用多方位高压水对轮胎及底盘进行高压冲洗，从而达到将车轮及底盘彻底洗净效果的一种机械设备。其自动循环使用冲洗水与排泥的功能可较大程度地节约水资源。

图 5-3-8　全自动洗车台

全自动洗车台也是一种高效的平板式车辆自动清洗系统。它可采用多台串联等多种拼装形式，延长冲洗长度（冲洗长度达到 5～10m），对车胎、底盘进行全方位冲洗，冲洗效率高。其清洗系统由冲洗槽、两侧挡板、高压喷嘴装置、控制装置和沉淀循环水池组成。喷嘴沿多个方向布置，以确保喷水没有死角。其沉淀循环水池采用四级沉淀、分离、处理污水，确保冲洗水质，同时做到冲洗污水的全部循环使用。沉砂池中的泥砂通过挖掘机清理回收，沉淀池中的泥砂通过排砂泵直接排出池外回收。该设备采用智能化控制，红外传感器、位置传感器启动自动清洗及运行指示，并有着较高的结构承载能力，特殊的安全装置设计，可实现多次重复再利用。

(2) 技术要点

全自动洗车台属于定型化设备，设备机身钢结构由优质钢管及钢板组成，使洗车的安全性得到保障，保守使用寿命为十年以上。冲洗用水可循环使用，节约水资源，且清洗效果好，大大降低人工清洗成本。

设备通过全自动电脑系统控制，用水循环使用，自动排泥，自动化程度很高，维修保养便利，基本可实现无人值守。

本技术设备采用全自动电脑控制系统，控制系统采用光电感应器，精准度高，供水循环使用，可自动排泥。通过模块化设计可适应不同的工作场地，转场方便，属于机械化、自动化的先进设备。

全方位对外出车辆进行清洗，能够实现对车辆的360°全方位清洗，且清洗水压力大，能够彻底清除车辆所带泥土、污垢等附着物，有效地降低施工车辆对市容环境的污染。

(3) 适用范围及效果

本技术适用于所有的建筑施工项目、厂区、钢厂、采石场、矿场等车辆轮胎、底盘清洗作业。

全自动洗车台实现了水资源的循环利用，不仅是环保方面的一项技术革新，而且从根本上节约了用水，降低了施工用水的费用，节约了清理道路、车辆的人工，该设备可在多个工程中重复使用，也提高了功效，达到了环保、经济、社会效益共赢的目的。

5. 木工机械布袋吸尘机技术

(1) 技术内容

原来是专用于家具、木门、地板等木制品行业粉尘净化、收集木屑的高效木工除尘器。对木材加工过程中产生的木屑、微尘等木工粉尘进行有效治理，现在也用于施工现场木材加工机械的吸尘。

工作原理：当含尘气体从布袋吸尘机入口进入后，由导流管进入各单元室。在导流装置的作用下，大颗粒粉尘分离后直接落入灰斗，其余粉尘随气流均匀进入各仓室过滤区中的滤袋。当含尘气体穿过滤袋时，粉尘即被吸附在滤袋上，而被净化的气体从滤袋内排除。简单说，就是把工作过程中产生的废料、废颗粒经过排风口全部被吸进吸尘机的布袋内下部分，下面的布袋是积存废物的，上面的布袋是用来出气的。

在每台加工机械尘源上方或侧向安装吸尘罩，通过风机作用，将粉尘吸入输送管道，再送到蓄料仓内，可将达到各作业点的粉尘浓度降至2mg/m^3，除尘效率在95%～99%以上。

(2) 技术要点

单台布料吸尘机价格大约几百至一千元，滤网可冲洗再用，布袋也可拆卸更换，整套设备可以多次重复利用。

成品设备安装简单，操作便捷，可根据设备布置情况移动安装。

除尘设备主机性能稳定，可不受外部环境影响，粉尘处置方式简单，均属于干式净化过程，维修保养方便，多种类型的设备可供不同需求使用。其除尘率很高，能满足较高的环境要求，具有较大的推广价值。

本技术可有效地降低木屑粉尘对外界的污染。

(3) 适用范围及效果

适用于在现场进行木加工的在建工程。可以移动，并多次重复使用，价格不高，有多种功率；有单布袋、双布袋、多布袋多种形式可供选择，吸尘效果好，可以改善作业环境，给工人营造一个良好的工作空间，有一定推广价值。

6. 吸尘机应用技术

(1) 技术内容

钢筋混凝土楼板结构施工，在底板钢筋绑扎完毕，浇筑混凝土前，需要对模板进行清理，以确保混凝土的施工质量。传统的做法是人工手工清理或采用风机清理。人工清理难以确保效果且对绑扎好的钢筋破坏严重，时间长、效率低；用风机清理难以将较大块垃圾吹走，且容易产生扬尘，污染环境。近年来，施工企业将工业吸尘机用于楼面模板垃圾清理，效果不错。

工业吸尘机：是用于工业生产过程中收集废弃物、过滤和净化空气、进行环境清扫的设备。该设备具有可连续24h使用，吸力强劲、储尘容积大、使用寿命长、可耐高温等优点，特别是对吸取物几乎无要求，各类材质、各种形状的废弃介质物都可以被吸取，通过对过滤介质，如滤芯、滤袋等的调整，可以吸收0.1μm的固体颗粒物。

将工业吸尘机直接运至楼面，可对楼面模板内建筑垃圾进行清理。

(2) 技术要点

本技术使用的是成熟型产品，坚固耐用，滤芯、滤袋等配件保养成本低，可多次重复使用。

移动式吸尘机重量轻、移动方便，根据需要能够达到任何区域。由于吸力强劲可清除死角粉尘，操作简便。

本技术设备配置的工业真空泵吸力强劲，配置的多种清灰装置可适合不同的环境使用。本设备有超大滚轮，便于机身移动，可连续长时间工作，同时，本设备机身小巧、坚固耐用。过滤精度可以根据被处理物的不同选择不同的过滤器，或加装超净过滤网，除尘效率为99%。

本技术可用于施工作业过程中的模板清理、施工完毕后的清扫等多种不同工况，可根据需要选择不同设备，除尘效果很好。

(3) 适用范围及效果

主要用于钢筋混凝土结构楼面结构施工混凝土浇筑前的模板清理。小巧灵活、吸力强、容积大、安全可靠、清理效果好且有效避免扬尘，特别适用于高层或超高层楼面清理。

7. 管道喷雾降尘技术

(1) 技术内容

在施工现场特定的位置安装管道，利用水泵对水进行加压后，压力水经管道上的喷头喷出，达到降尘的目的。

本技术的原理是利用高压水泵将水加压至 50～70 公斤，经高压管路送至高压喷嘴雾化，形成飘飞的水雾。由于水雾颗粒是微米级的，非常细小，能够吸附空气中杂质，营造良好清新的空气，达到降尘、加湿等多重功效。

管道喷雾降尘装置由水泵、万向节、喷头、管道、卡扣等组成，在施工现场需要降尘的部位铺设管道。管道上每隔一定距离设置喷头，利用加压水泵将地面水加压后送至管道，通过管道上的喷头将水以雾状喷出，雾状水微粒能吸附空气中的灰尘颗粒，有效降尘。

目前施工现场管道喷雾降尘技术主要应用于裙楼外脚手架或防护栏杆顶、施工楼层塔式起重机塔臂、现场围档顶部等部位，施工楼层喷雾见图 5-3-9，塔式起重塔臂喷雾见图 5-3-10。

图 5-3-9 施工楼层喷雾

图 5-3-10 塔式起重机塔臂喷雾

(2) 技术要点

由管道、水泵及喷头等配件组成，价格低廉，且可多工程重复使用。搭设方便，拆装灵活，便于施工。相对于人工洒水，降尘范围更广，效果更佳，而且节水效果突出，且能定时喷雾，自动控制，具有一定的先进性。

雾状的喷雾不会在地面形成积水，安全可靠；降尘范围大，效果好，可以利用循环水资源，节水效果突出。

(3) 适用范围及效果

适用于所有在建工地。因降尘效果突出、设备装置可重复使用、节水节材且价格低廉，不需人工操作，自动化程度高等特点，在一定时期内具有较高的推广利用价值。

8. 喷雾机降尘技术

(1) 技术内容

喷雾机降尘技术是通过喷雾机的喷嘴喷出雾化水颗粒实现降尘。用于除尘的喷雾机也叫风送式除尘喷雾机或降尘喷雾机。

本技术的原理是重力降尘。一般利用高压喷雾喷射出微米级别的水雾（雾化水珠在 10～150μm），雾化的水珠可以与空气中的粉尘颗粒相结合并凝聚成团，最后在重力的作用下降落到地面，从而达到除尘的目的。

喷雾机以水泵为第一次动力把水从喷嘴喷出雾化，然后以风机吹风为第二次动力将雾化的水以高射程扬出，在一定的范围内有效降尘。施工现场一般是购买或租赁成品喷雾机直接用于现场降尘。移动式喷雾车见图 5-3-11。

图 5-3-11　移动式喷雾车

(2) 技术要点

成品设备价格从几千元到几万元不等，但设备可以多次重复使用，且可以租赁，具备良好的经济性。

配套动力、安装位置灵活，适用于各种施工现场。操作灵活，可遥控或人工控制，并可随意调节水平旋转及喷雾角度，使用安全可靠；可单台或多台组合使用，适用范围广泛。

射程远、覆盖范围广、工作效率高，可以实现精量喷雾。相比其他抑尘喷洒设备（喷枪、洒水车）可节约 70%～80%耗水量，且水雾覆盖面积远远大于其他抑尘喷洒设备。

喷雾机水平旋转角度大，在相同射程规格下，覆盖范围更广、雾化粒度更小，所以有效降尘率更高（高达 96%以上）。同时，可根据粉尘大小选择单路或者双路喷水，起到节水功能。

(3) 适用范围及效果

主要用于土方开挖、爆破、拆除等集中产生大量扬尘的施工阶段。因具有射程远、覆盖范围广、可以实现精量喷雾、工作效率高、降尘效果好、节水效果突出、操作灵活、安全可靠等特点，在一定时期内具有良好的推广价值。

9. 人工洒水降尘技术

(1) 技术内容

利用水管、喷枪或简易洒水车等（图 5-3-12），指定人员分时段、分区域对施工现场进行洒水降尘，在喷洒降尘时由机械配合进行清扫（图 5-3-13）。

图 5-3-12　移动式水炮洒水降尘

图 5-3-13　单人驾驶扫地机

本技术的原理主要是利用人工洒水，保持地面湿润，控制扬尘产生。主要有：用水管直接洒水、用喷枪洒水以及用简易手推洒水车洒水等。

根据施工现场平面布置，将施工现场划分为若干个片区，指定相应的责任人，分时段、分区域进行洒水，保持地面湿润，达到控制扬尘的目的。

(2) 技术要点

多种类型的人工洒水设备可就地取材制作，造价较低，同时可多次重复使用。水源宜可使用回收雨水或循环中水，达到节水目的，具有较高的经济性。

人工洒水设备尺寸灵活，操作便捷，适用于各种施工现场，可通过人工手持到达现场任何区域，且可多种类型设备配合使用，随项目进展调整洒水时间与频率。通过人工洒水设备便捷操作，可不受场地与时间限制，确保施工现场没有扬尘死角；同时可对局部扬尘范围进行临时降尘，是较好的降尘辅助措施。

手持人工洒水设备可有效地降低低空扬尘，且灵活性强，可覆盖施工现场的所有区域，水源宜可使用回收雨水或循环中水，达到节水目的。

(3) 适用范围及前景

适用于所有在建施工现场。手工操作、机械化程度低，耗水量大。每次洒水时间长、范围小，效果难以保证，不宜推广，但可以作为其他降尘措施的辅助措施使用。短期内还普遍用于施工现场，随着机械化、自动化喷雾设备的推广和普及，本技术将逐渐被取代。

10. 现场路面及基坑周边自动喷淋降尘技术

(1) 技术内容

利用喷灌的原理，在现场道路两侧及基坑周边埋设喷头及降尘水炮，分时段在路面及基坑周边喷淋降尘。

其原理是利用水的自然压力，从管道喷头处喷出，保持一定的高度，然后利用水的自然重量，带走喷射高度范围内的扬尘，并保持道路湿润，起到抑尘的作用。

在现场道路两边埋设管道，间隔一定距离设置扇形喷头，采取分段供水或加压泵加压的方法确保每个喷头处水压力不小于 2 公斤。在施工过程中，通过控制闸阀的开闭，实现喷头自动喷射约 2m 高的扇形喷淋面积，降低喷射范围内空气中的扬尘，并保持路面湿润，满足绿色施工对扬尘高度的控制要求（图 5-3-14）。

图 5-3-14　道路花洒喷淋

基坑开挖阶段，塔式起重机还未安装到位，不能安装塔式起重机喷淋系统。为有效地治理开挖阶段产生的扬尘，降低 PM2.5 浓度，可在基坑周边间隔一定距离布置降尘水炮。降尘水炮喷射水雾距离达 50m 左右，可对现场开挖区域进行喷淋降尘，有效地控制施工现场所有区域扬尘浓度（图 5-3-15）。

图 5-3-15 降尘水炮喷射水雾

(2) 技术要点

由管道、水泵、喷头及自动闸阀等配件组成，且可多工程重复使用。洒水可根据实际需求进行自动开关，极大程度的节约用水量。

自动喷淋系统可通过人工或者智能集中控制，不用单独控制管道闸阀，同时可采用固定式与移动式相结合的方式，分区段、分时段自动控制降尘，操作十分便捷。

自动喷淋系统可设置变频器改变水泵的流速，调节水泵的流量与压力，同时根据变频器的闭环控制功能，获得压力信号而实现自动控制运行，确保恒压供水。也可设置系统定时开关，实现定时、定点喷淋，有较高的机械化、自动化（图 5-3-16）。

图 5-3-16 数控水泵房

图 5-3-17 雨水收集二次利用

利用喷灌原理，喷头360°旋转作业，可有效地降低扬尘高度，定时定点的进行自动控制与中水水源的合理利用，极大程度上节约了用水。

(3) 适用范围及效果

适用于所有在建施工现场。管道预先埋设到位，喷淋用水可用雨水收集二次利用（图5-3-17）和循环中水，通过闸阀开闭实现自动喷淋，自动化程度高，且整套系统可重复多次使用，控尘效果好，在一定时期内具有较高的推广价值。

11. 化学抑尘剂应用技术

(1) 技术内容

按一定配合比配制化学水剂，喷洒在需要施工抑制扬尘的区域（如裸露地面，临时堆土，拆除后不能及时处理的建筑垃圾等）后，在其表面形成保护硬壳，达到抑制扬尘产生的目的。

按照抑尘机理分类，化学抑尘剂可以分为粉尘湿润剂、黏结剂和凝聚剂三大类。无论是属于哪一种类型和成分的化学药剂，其目的都是为了使土壤表面颗粒相互凝结，削弱其扬尘排放。

抑尘剂主要由新型多功能高分子聚合物组合而成。其形成原理是聚合物分子间的交联度会形成网状结构，同时分子间存在各种离子基团，能与离子之间产生较强的亲合力。其作用机理是通过捕捉、吸附、团聚粉尘微粒，将其紧锁于网状结构之内，起到湿润、粘结、凝结、吸湿、防尘、防浸蚀和抗冲刷的作用。

喷洒化学抑尘剂的效果优于洒水，但依然属于阶段性的临时措施，所有化学抑尘剂都有有效期，例如，道路抑尘剂喷洒时间间隔一般小于1个月，裸地抑尘剂的有效期一般不超过半年。另外，裸地表面喷洒抑尘剂后仅仅在没有经过压实处理的表面形成了一层硬保护层，该保护层的强度往往不是很高；当其外部接受较大的机械扰动特别是车辆经过时，该保护层较容易被破坏而失去功能。

使用方式跟在草坪上浇水一样，化学抑尘剂将会渗入到土壤深处，形成坚固的表面。根据使用需求，如果用量较大，数年内都会保持稳定坚固的表面，土壤就会像水泥一样坚固，但同时也会造成此处在较长时间内难以生长绿化植物。如果用量较少，可以短时间内保持土壤稳定且具有透水性，对于施工结束后的绿化还是较为有利的。

(2) 技术要点

化学抑尘剂喷洒完成后，可持续较长时间保持地面粉尘不易扬起。与普通洒水降尘相比，可有效地降低人工投入与用水量。

化学抑制剂溶液黏度很低，可适用于各类喷洒设备，无腐蚀、操作简单。

本技术具有抑尘效果好、抑尘周期长、操作相对简单、综合效益高的特点。能够有效地降低并减少物料损耗，去除2.5μm以上的粉尘颗粒，减少粉尘危害。

（3）适用范围及效果

一般适用于产生扬尘的堆土、堆料、道路、建筑垃圾堆放点等。不同机理的化学抑尘剂可对不同类型扬尘区域形成壳膜覆盖，防止扬尘出现，且周期较长；但同时也要因地制宜，避免污染环境，特别是污染土壤环境。

12. 生物抑尘剂应用技术

（1）技术内容

采用蔗糖等为原料的生物抑尘剂，添加在洒水车或喷壶里，对施工现场裸露的泥土表层进行喷洒，固化结块，抑制扬尘。

其原理与化学抑尘剂类似，只是抑尘剂成分更安全，固化后的扬尘可以被资源化利用。

生物抑尘剂属于高分子聚合物。聚合物分子之间的交联度形成网状结构，同时分子间存在多种离子基团，这些离子基团相互之间产生较强的亲合力，通过捕捉、吸附、团聚粉尘微粒，将其紧锁于网内，达到抑尘作用。

生物抑尘剂为液态形式，水溶性强，可与水以任何比例互溶，稀释快速，不存在结团现象，在喷雾使用过程中不存在堵塞喷头和雾化不均匀现象。

在扬尘严重的作业期，按一定浓度调配生物抑尘剂，使用洒水车或其他喷洒设备将抑尘剂以雾化效果喷出，可以有效地吸附空气中的扬尘。扬尘利用重力降落到地面，经生物抑尘剂吸附的扬尘不再是散泥和微粒状态，而已凝结成为整块的泥壳，即使再有车辆经过，也可维持一段时间不扬尘（一般可以维持五天以上），后期再次施加，抑制剂的积累可使其固结作用维持更长时间。

（2）技术要点

生物抑尘剂喷洒完成后，可持续较长时间保持地面粉尘不易扬起，相比普通洒水降尘可节约人工投入与用水量。

生物抑制剂适用于各类喷洒设备，在使用过程中无毒无害，且操作简单，生物抑尘剂喷淋见图 5-3-18。

图 5-3-18 生物抑尘剂喷淋

生物抑制剂是由新型多功能高分子聚合物组合而成，属于环保型产品，生态环境安全，可生物降解，不损害植被。生物抑制剂固化后柔韧性好，抗雨水冲蚀，且不受环境温度影响。无腐蚀性、无毒性、无气味。

在喷洒区域表层形成保护“硬壳”，防止地面粉尘扬起，且喷洒过程中可吸附空气中的粉尘，能去除 2.5μm 以下的颗粒。

(3) 适用范围及效果

一般适用于产生扬尘的堆土、堆料、道路、建筑垃圾堆放点等。使用方便、操作快捷、无毒无害、喷洒过程不用防毒，使用后不会对物料产生二次污染，不影响物料化学性质，而且块结的尘土可以作为营养土资源加以利用，适宜推广。

13. 防尘棚应用技术

(1) 技术内容

在容易产生扬尘的生产区域，如木材加工棚、混凝土或砂浆搅拌机、石料切割处等，采用封闭式操作棚（棚内须采取良好的送风和排风净化系统）进行降尘处理（图 5-3-19）。

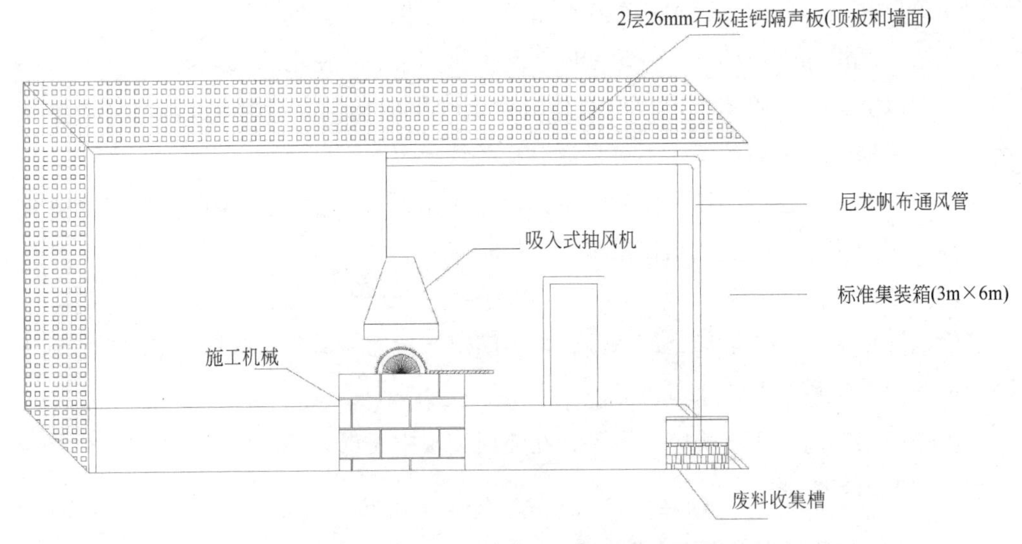

图 5-3-19　封闭式操作棚

原理：将产生扬尘的作业移入室内，阻断扬尘排放路径。

在易产生扬尘的作业区搭设工棚，或采用标准集装箱，内部改装设置石灰硅钙隔声板、吸入式锯末抽风机、尼龙帆布通风管，将作业集中到室内，隔绝了自然风，抑制扬尘扩散。

(2) 技术要点

安全网式或彩条布式的防尘棚（图 5-3-20）可就地取材自制，造价较低，其与定型化的防尘棚均可多次重复使用。

图 5-3-20 防尘棚

安装方式等同于安全网的搭设，施工简单，可根据不同设备、不同场地等灵活设置。

利用空气动力学原理，通过防尘棚隔绝外界自然风，降低空气流通导致的扬尘材料堆放区和扬尘施工作业区的扬尘发生频率，辅以内部喷淋设备，是直接、有效地减少粉尘、扬尘污染的局部抑尘技术。

可有效地解决局部易扬尘区域对外界的污染。当机械设备噪声较大时，还可内衬带有消声效果的材料，兼顾噪声控制。

(3) 适用范围及效果

施工现场扬尘产生的重点区域，如木材加工棚、混凝土或砂浆搅拌机以及石料切割处等。具有设置灵活、安装简单、防尘效果好等多项优点，定型化防尘棚更是可多次重复利用，具有一定的推广价值。

14. 绿化降尘技术

(1) 技术内容

绿化降尘技术是一种综合技术，就是在施工现场裸露的地面栽种绿化植物，既吸附扬尘，又能有效地防止裸露地面表面尘土飞扬，还能改善环境，净化空气。

原理：利用植物根部固结土壤表面，在抑制扬尘发生的同时，利用植物吸附扬尘的功能，减少空气中扬尘含量。

在施工现场短期不会扰动的土壤表面种植容易快速生长、容易存活的绿色植物；采取措施保留施工现场内原有植被；按照建筑景观设计要求，施工期间提前实施建筑景观绿化，这也是绿化降尘的技术措施（图 5-3-21）。

(2) 技术指标及特点

优选快速生长、容易存活的绿色植物，可降低培育、养护成本；若能结合项目建

图 5-3-21　建筑景观绿化

筑景观绿化，则可以减少二次投入。

有多种植被类型可供选择，布置灵活，快速种植，快速生长，培育、养护简便。绿化降尘既可固结土壤表面，抑制扬尘发生，又可降低风速，吸附扬尘，还可以造氧净化空气，每棵树都是一台吸尘器。该方法是治理大气污染、改善空气质量的有效措施，同时可以起到美化环境的作用。

植被树叶上长着许多细小的茸毛和黏液，能吸附烟尘中的碳、硫化物以及病菌、病毒等有害物质，同时还可以大量减少和降低空气中的尘埃，是天然的除尘器。

（3）适用范围及效果

适用所有在建工程。绿化降尘技术兼顾吸收二氧化碳、二氧化硫，放出氧气，净化空气；吸附和留住灰尘，控制扬尘；调节气候，改善热岛效应；降低噪声；美化环境，提高工作效率，应在所有工地推广使用。

15. 防尘网运用技术

（1）技术内容

在平均风速较高且易扬尘的施工场地或加工棚可采用防尘网运用技术。其主要材料可选用网目密度不低于 800 目/100cm^2 的密目式安全网，或者是定型化的钢制防尘网（图 5-3-22）。

技术原理主要是降低风速、抑制扬尘排放，起到风障的作用。

在安装前应对地面进行硬化并保证平整度，在下方设置 0.2～0.5m 的水槽，连通至循环用水系统，然后使用钢管扣件搭设支架，无论是钢管支架与定性钢制网片，

图 5-3-22 钢制防尘网

均应在地面进行地脚螺栓或固定钢筋预埋，防止在大风作用下支架滑移。内外侧应各绑一根大横杆，内侧在横杆绑在事先预埋好的钢筋环上或在墙（楼板）的内侧再绑一根大横杆与外侧建筑安全网的内侧大横杆绑在一起，大横杆离墙间隙≤15cm。网外侧大横杆应每隔 3m 设一支杆，支杆与地面保持 45°，支杆落点要牢靠固定。安全网以系结方便、连接牢固又易解开受力后不会散脱为原则。且在多张安全网连接使用时，相邻部分应紧靠或重叠。定期对防尘网进行清洗、修复或更换，避免防尘网上的积灰造成二次污染。

(2) 技术要点

尼龙材质防尘网可就地取材自制，造价较低，与定型化的防尘网片均可多次重复使用（图 5-3-23）。

图 5-3-23 尼龙材质防尘网

安装方式类似于安全网搭设，施工简单，可根据不同场地情况灵活设置。利用空气动力学原理，根据环境风速和场地情况设计防尘网高度和立柱形式，可达到成本与功能的最佳指标；基于现场风洞实验结果，用最佳开孔率、开孔大小和一定的几何形状，使空气流经防尘网时，在其内侧形成低风压、弱气流、小风速的环境，有效地抑制扬尘。

通过降低外来风速，损失其功能、降低场内风压，避免来流风的涡流，20 倍网高距离内，风能可降低 85%，使扬尘被有效控制。

(3) 适用范围及效果

本技术适用于平均风速较大，或周边环保要求较高的建筑施工项目。

本技术具有设置灵活、安装简单、防尘效果好等诸多优点，定型化防尘网更是可多次重复使用，同时有助于文明施工形象的提升，具有一定的推广价值。

16. 特殊环境空气净化应用技术

(1) 技术内容

随着烟气净化过滤技术的不断发展，可运用物理、化学、电磁、光催化等综合原理与集成技术，对有组织排放的油污、烟雾、粉尘颗粒及有毒有害气体实现快速、高效的净化，从而释放纯净气体。

目前对于烟尘中的有害气体，净化方式主要有物理和化学吸附两种方法，所用吸附材料有活性炭、活性炭纤维以及其他固体吸附剂，在施工现场对有组织排放废烟尘的固定烟道安装适宜的净化过滤装置（焊工棚、木工棚），吸附与过滤材料可根据现场实际情况与净化设备合理组合，实现有毒有害气体零排放和高效抑尘。烟尘过滤原理图见图 5-3-24。

图 5-3-24　烟尘过滤原理图

(2) 技术要点

设备为一次性投入，通常可重复利用，耗能低。

模块化净化单元可以灵活组合，根据不同的净化处理量及净化率要求，单元数量可做适应性调整。

可集抑尘、净化、消声、除味、杀菌等多种功能于一体。可选变频控制系统，低碳节能。

通风性能好、净化效率高、噪声低，处理后烟气基本无色，也可用于低空排放。

(3) 适用范围及效果

本技术适用于密闭空间的焊接等热处理作业，以及室内装修工作环境的净化等建筑施工项目。

17. 扬尘监测技术

(1) 技术内容

在施工现场扬尘控制过程中，通过对施工现场扬尘监测，从而掌握施工扬尘的分布与扩散情况，主要监测项目包括：环境空气 PM10 颗粒物（粒径小于等于 10μm）、PM2.5 颗粒物（粒径小于等于 10μm）、二氧化硫（SO_2）、二氧化氮（NO_2）、一氧化碳（CO）和臭氧（O_3）等。

原理：利用激光散射原理测量粉尘浓度，确保对粉尘浓度的实时在线监测。

1）监测点位设置

无组织排放源监控测点应设于周界浓度最高点或土方车进出门口，大型重点工地宜在上下风向各设置 1 个监测点，一般工地可在土方车进出的门口附近（在工地内侧）设置 1 个监测点位。监测仪器的采样口高度一般情况下应设在距地坪 1.5～5.0m，特殊情况采样口高度不高于 15m。

2）监测系统构成

施工现场总悬浮颗粒物（TSP）动态监测系统主要由监控设备子系统（含颗粒物分析仪器、气象参数分析仪器、视频监测设备等），数据采集传输子系统和信息监控平台子系统构成。

监控系统各部分功能如下：

① 颗粒物和气象参数实时监测仪；

② 对建筑工地的颗粒物浓度和气象状况进行连续自动监测；

③ 视频监测仪；

④ 建筑工地施工管理情况进行视频监控；并按后台要求进行现场图片采集或视频采集；

⑤ 数据采集传输和后台数据处理子系统。

采集、存储各种监测数据，并按后台服务器指令定时或随时向后台服务器传输监测数据和设备工作状态。后台数据处理程序对所取得的监测数据进行判别、检查和存储，对采集的监测数据按照统计要求进行统计分析处理。

⑥ 信息监测平台

进行监测数据与图片的存储、数据的查询，并提供基于 Web 的管理系统支持管理者对前端污染源的实时监测，对实时监测仪以及摄像头的参数调控，对历史监测数据的统计分析等功能（图 5-3-25）。

图 5-3-25　扬尘信息监测平台实例

3）现场监测系统

根据各监测设备结构特征以及安装要求对监测系统现场端进行集成。其中，主机部分包括数据采集传输终端、触屏、粉尘浓度检测单元、数据接驳器、稳压单元等。数据接驳器可将不同监控设备输出信号统一为标准 RS485 输出，方便数据的接收。主机的数据采集传输终端接收各监控设备的监控数据进行存储，并显示在触屏上；同时数据采集传输终端通过无线网络将监控数据传输至服务器，扬尘监测概念图如图 5-3-26 所示。

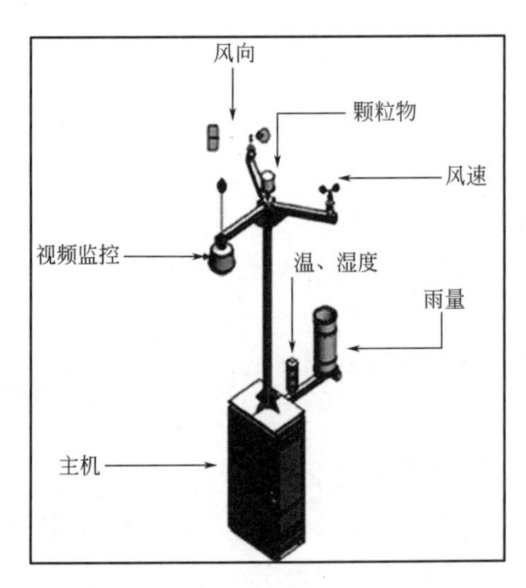

图 5-3-26　扬尘监测概念图

4）监测数据采集传输

按每分钟的频率自动采集颗粒物样品，并将分析数据上传至数据处理系统和信息监测平台。对所采集的监测数据，应能自动生成并存储为通用数据文件。前台数据存储时间不应少于 3 个月。

（2）技术要点

系统集成了多个环境参数采集监测，可全天候实时反馈，并可多次重复使用。通过传感网、无线网、因特网这三大网络传输数据，快速、便捷地更新实时监测数据。

基于云计算的数据中心平台汇集了不同区域、不同时段的监测数据，具有海量存储空间，可进行多维度、多时空的数据统计分析和数据实时反馈，可协同管理层合理安排有针对性的综合降尘措施，同时也为建立施工现场环境污染控制标准积累数据，可推动对空气污染的长效管理。

监测系统集成了总悬浮颗粒物、PM10、PM2.5、温度、湿度、风向和风速等多个环境参数，全天候在线实时连续监测，全天候提供工地的空气质量数据，超过报警值时还能自动启动监控设备，具有多参数、实时性、智能化等特性。

（3）适用范围及效果

本技术适用于所有建筑工程。通过全天候扬尘监测可及时、准确地掌握施工现场扬尘分布与扩散情况，综合控尘技术也可根据监测结果实现动态控制，对于改善城市环境质量，保障施工人员的身体健康起到了重要作用。

18. 推拉封闭式垃圾料斗应用技术

（1）技术内容

我国在工程建设过程中建筑垃圾均通过垃圾料斗吊运实现。传统垃圾料斗均为开口式，在垃圾吊运过程中，容易造成内部垃圾散落、尘土飞扬，严重污染环境，若石块等较大物件散落，还会对现场作业面施工人员造成极大危险。而推拉封闭式垃圾料斗通过推拉吊轮连接件，及时将垃圾料斗上部封闭（图 5-3-27），实现在垃圾吊运过程中无垃圾散落，无构件掉落；成本低，有效地解决了传统垃圾料斗在吊运过程中出现的垃圾散落、尘土飞扬，对于扬尘的抑制起到的较大的作用。

该设备的制备方法如下所示：

1）按照设计尺寸制作垃圾料斗，料斗尺寸为 2000mm×1300mm×500mm，侧向和底部、中部加角钢作为加强肋。

2）在垃圾料斗内侧顶部焊接∟63 角钢，直角边与料斗顶部平齐。将 50mm 宽吊轨焊接在角钢直角边上，吊轨开口方向朝上。

3）在吊轨支架上焊接 2 个 ϕ50 定向轮，用螺栓固定在支架上。支架上部焊接 300mm 竖向 ϕ30 无缝钢管，顶部焊接 ϕ35 无缝钢管。确保吊轮、定向轮及竖向钢管、横向钢管为一整体。

4）制作上述步骤相同的吊轨及连接件共 8 组。

5）将 3）所制作的整体构件穿入吊轨，每根吊轨放入 4 个吊轮及连接件。

6）在每侧 4 个吊轨连接件顶部 ϕ35 无缝钢管内穿入水平 ϕ30 无缝钢管，长度为 1940mm。

7）在2根吊轨两端各焊接高350mm的$\phi 30$无缝钢管，在竖向钢管之间焊接水平$\phi 30$无缝钢管，确保此钢管与$\phi 35$无缝钢管之间间隔2mm，保证滑轨的正常滑动。

8）为确保滑轨滑动不偏移，在4根竖向$\phi 30$无缝钢管中部相同位置开一个$\phi 3.5$mm开口，在开口内穿入$\phi 3.0$mm钢丝，确保水平，两端绑扎在端柱中部。

9）在定向轮及顶部水平无缝钢管处固定好篷布，使其推拉自如；至此，推拉封闭式垃圾料斗制备完成。

图5-3-27　推拉封闭式垃圾料斗

（2）技术要点

在建筑垃圾运输过程中无垃圾散落、无构件掉落，既避免了高空坠物造成的人员伤害，也避免了裸露垃圾在高空运输过程中造成的高空扬尘污染。制作方便简洁，成本低，便于大范围推广。

（3）适用范围及效果

本技术适用于所有建筑工程。通过推拉封闭式垃圾料斗设备的应用可有效地避免施工现场扬尘的产生，同时也减少了建筑垃圾在运送过程中的坠落。对于改善城市环境质量，保障施工人员的身体健康以及建筑业的绿色施工起到了重要作用。

19. 无尘自吸打磨机应用技术

（1）技术内容

近年来，随着我国建筑业的发展，新建楼群数量大幅度增长，给大气环境保护带来了较大的挑战。同时，对于建筑工人的身体健康也造成了较大的威胁。例如，室内建筑墙面在打好腻子后还要进行打磨抛光，打磨抛光所产生的灰尘对环境的污染、对工人身体健康的危害极大。如何解决无尘，是建筑行业中急待解决的问题。而无尘自吸打磨机的出现为我们解决无尘，提供了一种新的方法。

无尘自吸打磨机主要由机柜、真空机、集尘罐、储气罐和打磨机构成。真空机固定设置在机柜内，集尘罐和储气罐设置于机柜外侧壁上；打磨机可通过所设的气源管道和吸灰管道分别与储气罐和集尘罐连通，气源管道可外接高压源，集尘罐分别与真空机和储气罐连通，真空机与集尘罐连通的管道上还接有定时电磁阀。

结构示意图如图 5-3-28 所示。

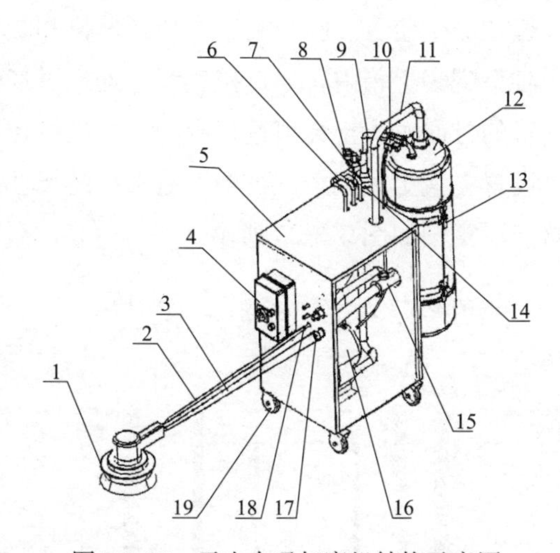

图 5-3-28　无尘自吸打磨机结构示意图

1-打磨机；2-气源管道；3-吸灰管道；4-电控开关；5-机柜；6-弯管组件；7-减压阀；8-压力表；9-管道；10-定时电磁阀；11-管道；12-集尘罐；13-搭扣；14-储气罐；15-吸灰管道；16-真空机；17-吸尘管接头；18-气源管接头；19-滚轮

(2) 技术要点

优点：集打磨与吸尘于一体，实现了机械化无尘打磨。集尘罐单独分列并可拆卸，可非常方便地清理所吸的灰尘和腻子粉尘。粉尘吸入口设于打磨头上，可一边打磨、一边吸尘，实现了机械化无尘打磨。

本打磨机结构合理，外形尺寸小，操作方便，使用灵活，安全系数高，可靠性强，省工省力，减少了环境污染，改善了工人的工作环境。墙面被打磨后表面平整、光滑、无粉尘，提高了墙面打磨的外观质量，大大提高了工作效率。

(3) 适用范围及效果

本技术适用于所有建筑工程。通过无尘自吸打磨机的应用可有效地避免室内施工现场扬尘对环境的污染，同时也降低了墙面打磨粉尘对于工人健康的伤害，对于保障施工人员的身体健康以及建筑业的绿色施工起到了重要作用。

20. 可控制渣土装载扬尘抑制技术

(1) 技术内容

目前，我国建筑行业在施工过程中产生的垃圾数量较大。建筑垃圾在运送的过程中，主要对大气污染，而这其中的主要污染源以扬尘为主，例如：渣土、弃土、弃料、余泥及其他废弃物等，特别是在这些垃圾装卸的过程中，产生的扬尘污染相对更大。

为了解决上述问题，研制出一种搭载于渣土车上的扬尘控制设备，用于控制和清除建筑垃圾装卸过程中产生的扬尘污染。

本装置包括支撑装置和吸尘装置。吸尘装置包括：风机和叶轮，通过导尘管对扬尘进行收集，并将扬尘收集到集尘箱内，通过排气管将处理过扬尘的空气排到除尘装置外，并通过设置排气管的方向对渣土装填过程中的扬尘进行控制；吸尘装置设置在支撑装置上，支撑装置设置在渣土车上，并可根据渣土车的尺寸进行调节。

此装置整体结构状态示意图如图 5-3-29 所示。

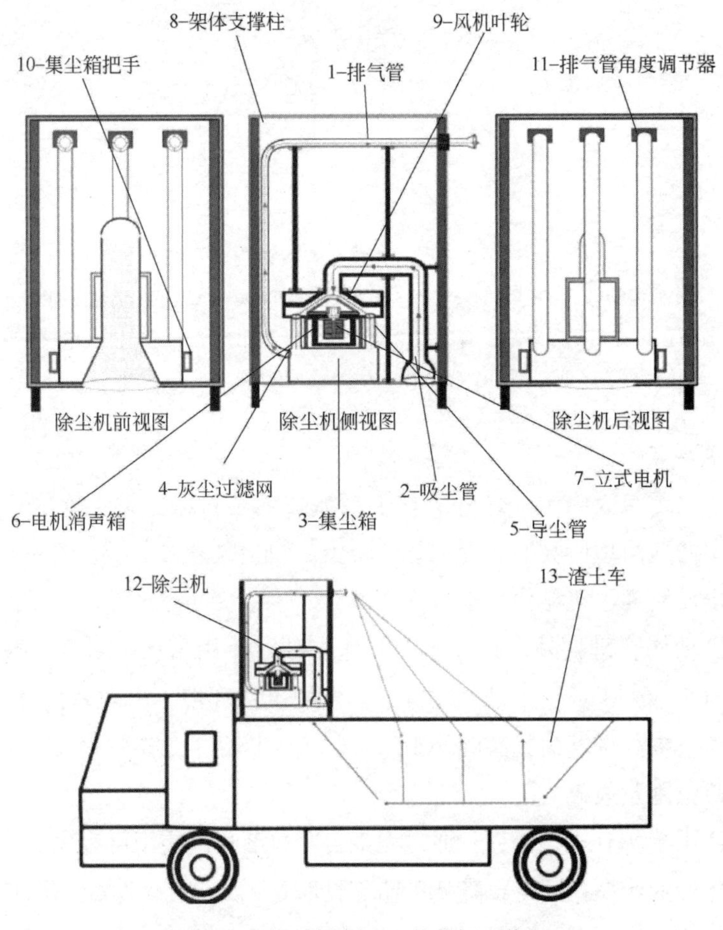

图 5-3-29　可控制渣土装载扬尘装置

（2）技术要点

本技术可以避免渣土车在装载建筑垃圾的过程中产生灰尘扩散，可以及时控制和清理扬尘，有益于施工人员身体健康，环保绿色；并且宽度可调，适用于不同宽度的车辆，同时还便于移动。

（3）适用范围及效果

本技术适用于所有建筑工程。通过可控制渣土装填抑制扬尘设备的应用，可有效地避免施工现场扬尘的产生。对于改善城市环境质量，保障施工人员的身体健康以及建筑业的绿色施工起到了重要作用。

第四节　技术发展导向及趋势

施工现场扬尘控制技术最开始比较被动，靠人们已经发现扬尘严重或被周围居民投诉后，采取洒水、使用围挡等措施进行控制。随着绿色施工的发展，扬尘控制技术开始呈现多元化发展，人们从源头减少、过程控制、事后监测等多方面入手，尝试综合治理扬尘。从其发展轨迹可以发现，施工现场扬尘控制技术将朝以下几个方向发展：

1. 多种技术组合，向多功能发展

现场的扬尘控制不会再是采用单一的技术，而是会结合工程实际情况，组合多种技术，共同使用。组合也分内部组合和外部组合：内部组合是指单就扬尘控制而言，多种技术组合使用，如可调节式雾状喷淋降尘系统、喷雾管道结合人工洒水一起进行，做到整个现场无死角；外部组合是指扬尘控制技术与其他绿色施工措施组合使用，如自动化洗车台＋循环水利用技术，就结合了扬尘控制、节材和节水三项技术。在未来的发展中，这样的组合将更多，具有更多功能。

2. 原有技术改良，创新升级

扬尘控制技术在推广的同时，也在不断的改良创新升级。例如，洗车台技术已由原来的自制设备升级为定型化设备；化学抑制剂也已在做无害化处理，并开始向更新型环保的生物抑制剂的方向拓展研究。这些都表明，人们在使用抑尘技术时已意识到必须兼顾节约能源、安全环保，不能顾此失彼。因此，未来的技术必定是更安全、更先进的。

3. 管理和技术结合得更紧密

在环境保护方面，很多时候通过加强管理也能达到一定的控制效果。没有管理辅助，再好的技术，效果也难以令人满意。所以，在技术发展的同时，施工现场的相关

管理措施也在进步，未来的扬尘控制技术，一定是管理和技术相结合的。例如，建立制度管理、及时的预警报告和技术设备治理结合的综合扬尘抑制体系施工现场扬尘管理措施见图 5-4-1。

图 5-4-1　施工现场扬尘管理措施

4. 源头控制比重加大

相对扬尘产生后再采取措施去补救而从源头降低扬尘的产生，这样做无论是抑尘效果，还是处理成本都更佳。因此，施工现场扬尘控制技术的发展势必会更倾向于在源头控制扬尘的产生。这就要求大部分的工程机械设备在今后的研发过程中应该优先考虑环保，同时，对于工程机械设备运转环境也应该做进一步的环保优化。

5. 技术更加智能化

随着机械化、自动化程度的提高，扬尘控制技术将更智能化，人工操作越来越少，甚至消失不见。未来施工现场的扬尘控制将靠精密的仪器测量、电脑自动控制、机械自动完成，降尘效果会自动反馈并被记录。这样的发展，既有利于提高降尘效果，又有利于节省人工，同时可以避免人为抑尘处理的误差。

第五节　技术发展的建议

1. 基本技术强制推广

效果好、成本低、适用性强的降尘技术或者措施，如降尘棚、绿化降尘等技术，可以采取强制手段，在绿色施工项目全面普及推广实施，最终成为施工现场常态技术。

2. 创新技术推荐鼓励使用

对降尘、降噪效果好的创新技术，如喷雾降尘、建筑垃圾高空管道运输等技术，可以采取定期公布推广目录，宣传、示范和使用网络推荐等多种手段进行传播，推荐和鼓励绿色施工项目使用。

3. 集成、系统技术研发同步进行

在积极推广成熟的扬尘控制技术的同时，对于前文提到的多功能、智能化等技术发展趋势的集成化、系统技术的研发应同步开展，逐步提高降尘的效率和效果，以满足现代化施工对扬尘噪声控制的更高要求。

4. 加强技术参考书籍的编制与出版

目前市场上可供参考的绿色施工技术书籍非常少，很多项目反映无书可参考，好的技术也因此得不到普及和推广。所以加强绿色施工相关技术参考书籍的编制与发出版，特别是已经成熟的、具有推广价值的技术要得以普及，最快捷的方式就是通过出版书籍将其传播。

5. 配套管理手段和监控技术协同发展

绿色施工技术从来不是独立存在的，配套管理手段和监控技术必须与绿色施工技术协同发展，三者形成一个整体才能共同推动现代化绿色施工的发展。

6. 完善政策引导和激励制度

目前绿色施工技术的应用和推广几乎全靠企业和项目的自觉，但是其积极性是间断性的，不能彻底保证绿色施工的有序进行，所以在其发展的历程上，政策的引导和激励必不可少。

7. 加强现场监管，加大处罚力度

绿色施工已实施多年，事实证明：施工扬尘是可以被控制在一定程度内的。因此，适度的监管是必要的。为了实现这一目的，可以借助信息化监控手段对现场扬尘进行监控，制定扬尘排放限额，对超额排放并不积极采取降尘措施的施工现场和企业给予一定力度的处罚。

参考文献

[1] Sung Chan Lee, Joo Young Hong, Jin YOng Jeon. Effects of acoustic characteristics of combined construction noise on annoyance [J]. Building and Environment, 92 (2015): 657. 667.

[2] Charles J. Kibert. Sustainable Construction: Green Building Design and Delivery [M]. John Wiley & Sons. 2007.

[3] Sung W T, Hsu Y C. Designing an industrial real-time measurement and monitoring system based on embedded system and ZigBee [J]. Expert Systems with Applications, 2011, 38 (4): 4522-4529.

[4] Muller G, Moser M. Handbook of Engineering Acoustics. Berlin Heidelberg: Springer-Verlag, 2013, 23-52.

[5] IEC. IEC 61672-1, Sound level meters-Part 1: Specifications. IEC, Geneva, Switzerland, 2003

[6] Baranski R, Wszołek G. Educational Implementation of a Sound Level Meter in the LabVIEW Environment [J]. Archives of Acoustics, 2013, 38 (1): 19-26.

[7] Chen T J, Chiang H C, Chen S S. Effects of aircraft noise on hearing and auditory pathway function of airport employees. [J]. J Occup Med, 1992, 34 (6): 613-619.

[8] Aboqudais S, Alhiary A. Effect of distance from road intersection on developed traffic noise l. [J]. Canadian Journal of Civil Engineering, 2004, 31 (4): 533-538.

[9] Qdais H A, Aboqudais S. Environmental impact assessment of road construction projects. [J]. International Journal of Water Resources Development, 2000, 65 (2): 203-219.

[10] 吕晶. 绿色施工量化评价研究 [D]. 重庆大学, 2015.

[11] 郑宇. 建筑施工噪声监测及职业健康损害评价研究 [D]. 清华大学, 2014.

[12] 潘俊. 工程项目绿色施工管理研究 [D]. 重庆大学, 2014.

[13] 孙远涛. 建筑施工噪声烦恼度阈限值研究 [D]. 长安大学, 2008.

[14] 程晓辉. 建筑物拆除施工噪声评价及控制 [D]. 武汉理工大学, 2007.

[15] 杨洁, 吴瑞, 宋瑞祥等. 几种噪声评价量在建筑施工噪声中的适用性分析 [C]. 全国噪声与振动控制工程学术会议. 2015.

[16] 刘宏伟. 建筑施工噪声的污染与控制 [J]. 石油化工环境保护, 2005, 28 (4): 43-45.

[17] 张涛, 王成郊, 常金岭等. 夜间建筑施工噪声监测方法分析 [J]. 职业与健康, 2007, 23

(12)：992-993.

[18] 申琳，李晓刚.城市建筑施工噪声污染防治对策研究 [J].环境科学与管理，2015，40 (12).

[19] 丁媛媛.点源噪声空间扩散模拟研究 [D].南京师范大学，2008.

[20] 陈辉.工业复杂噪声评价指标优化研究及管理建议 [D].杭州师范大学，2016.

[21] 李晓卫.浅谈建筑施工噪声污染防治措施 [J].四川环境，2016，35 (6)：154-156.

[22] 黄天健.建筑工程施工阶段扬尘监测及健康损害评价 [D].清华大学，2013.

[23] 李翔玉，孙剑，瞿启忠.建设工程绿色施工环境影响因素评价研究 [J].环境工程，2015 (03)：118-121.

[24] GB 16297—1996 大气污染物综合排放标准 [S].1996.

[25] GB/T 50640—2010 建筑工程绿色施工评价标准 [S].2010.

[26] 田淑芬.绿色建筑与建筑业可持续发展.建筑经济，2005，(12)：80-82.

[27] 胡家玉.西安市主城区夜景照明光污染评价与防治研究 [D].西安建筑科技大学，2015.

[28] GB 3095—2012 环境空气质量标准 [S].2012.

[29]《中华人民共和国大气污染防治法》.2015.

[30] 潘俊.工程项目绿色施工管理研究 [D].重庆大学，2014.

[31] 张智慧，邓超宏.建设项目施工阶段环境影响评价研究 [J].土木工程学报，2003 (09)：12-18.

[32] 张雯婷，王雪松，刘兆荣等.贵阳建筑扬尘 PM_{10} 排放及环境影响的模拟研究 [J].北京大学学报（自然科学版），2010 (02)：258-264.

[33] 丛晓春.露天尘源风蚀污染的预测与控制技术 [M].中国矿业大学出版社，2009.

[34] Drehemel D. The control of fugitive emissions using windscreen：The Third US EPA Symposium on the Transfer and Utilization of Particulate Control Technology，Orlando，Florida，1981 [C].

[35] Wang G，Cheng S，Wei W，et al. Characteristics and emission-reduction measures evaluation of PM2.5 during the two major events：\ {APEC \ } and Parade [J]. Science of The Total Environment，2017，595：81-92.

[36] Cong X C，Yang G S，Qu J H，et al. Evaluating the dynamical characteristics of particle matter emissions in an open ore yard with industrial operation activities [J]. 2016.

[37] 徐谦，李令军，赵文慧等.北京市建筑施工裸地的空间分布及扬尘效应 [J].中国环境监测，2015 (05)：78-85.

[38] 田刚，黄玉虎，樊守彬.扬尘污染控制 [M].中国环境科学出版社，2013.

[39] GBZ 2.1—2019.工作场所有害因素职业接触限值　第1部分：化学有害因素 [S].2020.

[40] GB/T 50905—2014 建筑工程绿色施工规范 [S].北京：中国建筑工业出版社，2014.

[41] Office Of Air Quality Planning And Standards U E. Chapter 13：Miscellaneous Sources，AP 42，Fifth Edition，Volume I [Z]. 1995.

[42] London M. The Control of Dust And Emissions During Construction and Demolition Sup-

plementary Planning Guidance [EB/OL]. https：//www.london.gov.uk/priorities/planning/publications.

[43] 香港环境保护署. Integrated Waste Management Facilities Environmental Monitoring & Audit Manual [EB/OL]. http：//www.epd.gov.hk/eia/register/report/eiareport/eia_1402007/For%20HTML%20version/EM&A/Section%203.htm.

[44] 赵普生，冯银厂，张裕芬等. 建筑施工扬尘排放因子定量模型研究及应用 [J]. 中国环境科学，2009 (06)：567-573.

[45] Venkatram A. On estimating emissions through horizontal fluxes [J]. Atmospheric Environment，2004，38 (9)：1337-1344.

[46] Hassan H A，Kumar P，Kakosimos K E. Flux estimation of fugitive particulate matter emissions from loose Calcisols at construction sites [J]. Atmospheric Environment，2016，141：96-105.

[47] Azarmi F，Kumar P，Mulheron M. The exposure to coarse，fine and ultrafine particle emissions from concrete mixing，drilling and cutting activities [J]. Journal of Hazardous Materials，2014，279：268-279.

[48] Vallack H W，Shillito D E. Suggested guidelines for deposited ambient dust [J]. ATMOSPHERIC ENVIRONMENT，1998，32 (16)：2737-2744.

[49] HJ 664—2013 环境空气质量监测点位布设技术规范（试行）[S]. 2013.

[50] HJ/T 55—2000 大气污染物无组织排放监测技术导则 [S]. 2000.

[51] 魏奇科. 考虑风速风向联合分布的超高层建筑风致振动研究 [D]. 重庆大学，2011.

[52] 李志龙，谷洪钦，陈春喜. 统计年限对风向频率统计结果的影响分析 [J]. 安徽农业科学，2014 (03)：878-881.

[53] GB/T 15265—1994 环境空气 降尘的测定 重量法 [S]. 1994.

[54] 李国刚. 环境空气颗粒物来源解析监测实例 [M]. 中国环境出版社，2015.

[55] 周志恩，张丹，张灿. 重庆城区不同粒径颗粒物元素组分研究及来源识别 [J]. 中国环境监测，2013 (02)：9-14.

[56] 钟宇红. 环境空气中总悬浮颗粒物无机组分源解析的比较研究 [D]. 吉林大学，2008.

[57] 梅凡民. 中国北方典型区域风蚀粉尘释放的实验观测和数值模拟研究 [M]. 西北工业大学出版社，2013.

[58] Roney J A，White B R. Estimating fugitive dust emission rates using an environmental boundary layer wind tunnel [J]. Atmospheric Environment，2006，40 (40)：7668-7685.

[59] 韩旸，白志鹏，姬亚芹等. 裸土风蚀型开放源起尘机制研究进展 [J]. 环境污染与防治，2008 (02)：77-82.

[60] Alhajraf S. Computational fluid dynamic modeling of drifting particles at porous fences [J]. Environmental Modelling & Software，2004，19 (2)：163-170.

[61] Vigiak O，Sterk G，Warren A，et al. Spatial modeling of wind speed around windbreaks [J]. Catena，2003，52 (3-4)：273-288.

[62] 韩沐辰. CFD在绿色建筑室外风环境评价中的应用研究 [D]. 重庆大学，2015.

[63] 王旭. 建筑室外风环境和室内通风的试验和数值模拟研究 [D]. 浙江大学，2011.

[64] Gu Z，Zhao Y，Li Y，et al. Numerical Simulation of Dust Lifting within Dust Devils—Simulation of an Intense Vortex [J]. Journal of the Atmospheric Sciences，2006，63 (10)：2630-2641.

[65] GB/T 50378—2019. 绿色建筑评价标准 [S]. 北京：中国建筑工业出版社，2006.

[66] 张德良. 计算流体力学教程 [M]. 高等教育出版社，2010.

[67] 丁源，吴继华. ANSYS CFX 14.0从入门到精通 [M]. 清华大学出版社，2013.

[68] JGJ 146—2013. 建设工程施工现场环境与卫生标准 [S]. 2013.

[69] 建质〔2007〕223号. 绿色施工导则 [S]. 2007.

[70] HJ 633—2012. 环境空气质量指数（AQI）技术规定（试行）[S]. 2012.

[71] 环发 [2013] 92号. 大气颗粒物来源解析技术指南 [S]. 2013

[72] HJ/T 14—1996. 环境空气质量功能区划分原则与技术方法 [S]. 1996.

[73] HJ 641—2012. 环境质量报告书编写技术规定 [S]. 2012.

[74] 中华人民共和国建设部令第15号. 建设工程施工现场管理规定 [S]. 1991.

[75] DB31/964—2016. 建筑施工颗粒物控制标准 [S]. 2016.

[76] 四部委第31号令. 排污费征收标准管理办法 [S]. 2003.

[77] 沪环保防〔2015〕520号. 上海市建筑工程颗粒物与噪声在线监测技术规范（试行）[S]. 2015.

[78] DB50/418—2016. 大气污染物综合排放标准 [S]. 2016.

[79] 于宗艳，韩连涛. 环境空气质量评价模型研究 [J]. 安全与环境学报，2014，14 (04)：251-253.

[80] 迟妍妍，张惠远. 大气污染物扩散模式的应用研究综述 [J]. 环境污染与防治，2007，(05)：376-381.

[81] 郑宇. 建筑施工噪声监测及职业健康损害评价研究 [D]. 清华大学，2014.

[82] 李小冬，高源雪，孔祥勤，张智慧. 基于LCA理论的建筑室内装修健康损害评价 [J]. 清华大学学报（自然科学版），2013，53 (01)：66-71.

[83] 曹新颖. 产业化住宅与传统住宅建设环境影响评价及比较研究 [D]. 清华大学，2012.

[84] 孔祥勤. 建筑工程生命周期人体健康损害评价体系研究 [D]. 清华大学，2010.

[85] 李小冬，孔祥勤. 国外建筑工程健康损害评价体系研究及进展 [J]. 环境与健康杂志，2009，26 (11)：1030-1033.

[86] 徐智，梅全亭，张晓峰，霍东锋，王艳飞. 营房室内有害气体污染预测研究 [J]. 后勤工程学院学报，2006，(01)：101-104.

[87] 韦桂欢. 船用涂料释放气体检测及其释放规律研究 [D]. 天津大学，2008.

[88] 桑长波. 煤田火区典型有害气体污染评估及预测研究 [D]. 西安科技大学，2016.

[89] 方德琼. 山地城市污染水管理中有害气体的检测及分布规律研究 [D]. 重庆大学，2012.

[90] 汤烨. 火电厂大气污染物与温室气体协同减排效应核算及负荷优化控制研究 [D]. 华北电

力大学，2014.

[91] 李金桃. 污泥堆肥发酵车间污染气体散发控制研究 [D]. 西安建筑科技大学，2013.

[92] 王文思，崔翔宇，陈宏坤等. 石油行业上游温室气体控制技术路线研究 [C]. //中国环境科学学会 2011 年学术年会论文集. 2011：3663-3666.

[93] 谢海涛. 生活垃圾填埋场气体控制系统数值模拟及其应用研究 [D]. 重庆大学，2006.

[94] GB 50325—2020. 民用建筑工程室内环境污染控制标准. [S]. 2020.

[95] GB/T 18883—2002. 室内空气质量标准. [S]. 2002.

[96] GB 18582—2020. 建筑用墙面涂料中有害物质限量. [S]. 2020.

[97] IPCC，2006. In：Eggleston. H. S.，Buendia，L.，Miwa，K.，Ngara，T.. Tanabe，K.（Eds.），2006 Guidelines for National Greenhouse Gas Inventories. Prepared by the National Greenhouse Gas Inventories Programme. ICES，Japan.

[98] Lacis，A.，Hansen，J.，Lee，P.，Mitchell，T，&Lebedeff，S. Genphys. Res. Lett. 8，1035-1038（1981）.

[99] Ramanathan，V.，Cicerone，R. J.，Singh，H. B. &Kiehl，J. TJ. Geophys. Res. 90，5547-5566（1985）.

[100] Hansen，J.，etalJ. geophys. Res. 93，9341-9364（1988）.

[101] S. Kumar. Field Model Simulations of Vehicle Fires in Channel Tunnel Shuttle Wagon. Fire Safety Science，Proceedings of the 4th international symposium，995-1006.

[102] Nakayama，s.，Uchino，K.，et al. Analysis of ventilation air flow at heading face by comput-ational fluid dynamics [J]. Shigen-To-Sozai，1995，111（4）：225-230.

[103] Nakayama，s.，Uchino，K.，et al. 3 dimensional flow measurement at heading face and application of CFD [J]. Shigen-To-Sozai，1996 112（9）：639-644.

[104] W. K. Chow. Dispersion of Carbon Monoxide from a Vehicular Tunnel with the Exit Located along a Hillside. Tunneling and Underground Space Technonogy，1989，vli. 4，No 2：231-234.

[105] Tomita，Shinji. Behavior of Airflow and Methane at Heading Faces with Auxiliary Ventilation System. Proceeding in Mining Science and Technology 1999.

[106] Uchino K. and Inoue，M.. Auxiliary ventilation at heading faces by a fan [A]. Rava V. Proc. 6th Int. Mine Ventilation Congr. [C]. Littleton：Society for Mining，Metallurgy，and Exploration，Inc.，1997.

[107] S. S. LevyJ. R. Sandzimier. Smoke contral for the Ted Williams Tunnel a comparative of extraction rate. 10th International Symposium on the Aerodynamics&Ventilation of Vehicle Tunnels. 2000.

[108] C. Rudin. Fires in long railway tunne-the ventilation concepts asopted in the Alptransit projects. 10th International Symposium on the Aerodynamics&Ventilation of Vehicle Tunnels. 2000.

[109] Moloney，K. W.，Lowndes，I. S.，Stockes，M. R. and Hargrave，G.（1997）Studies

on alternative methods of ventilation using computational fluid dynamics, scale and full scale gallery tests, Proc. 6th Int. Mine Ventilation Congr. , Pittsburgh.
[110] 国家环保总局公告 2007 年第 4 号. 环境空气质量监测规范（试行）. [S]. 2007.
[111] GB 14554—1993. 恶臭污染物排放标准. [S]. 1993.
[112] GB/T 16157—1996. 固定污染源排气中颗粒物测定与气态污染物采样方法. [S]. 1996.
[113] HJ 633—2013. 环境空气质量评价技术规范. [S]. 2013.
[114] GB 18483—2001. 饮食业油烟排放标准. [S]. 2001.
[115] 刘伟，付海陆，耿伟，庞伟，曾爱斌，官宝红. 天目山隧道施工污水特征分析及处理 [J]. 隧道建设，2017，37（07）：845-850.
[116] 王英. 建筑施工中的环境污染问题与防治 [J]. 门窗，2017，（03）：242.
[117] 李惠英. 建筑工地雨、废水循环利用技术研究 [J]. 建材与装饰，2017，（07）：118-119.
[118] 王照锐. 环保水质检测仪的研究与设计 [D]. 南京航空航天大学，2016.
[119] 袁立刚，崔鑫. 建筑工程设计与环境污染问题的探究 [J]. 门窗，2015，（07）：115.
[120] 肖湘. 施工中污水净化系统的设计与实现 [J]. 施工技术，2014，43（24）：43-46.
[121] 康勇. 水环境及其水污染的检测技术探讨 [J]. 广东科技，2014，23（14）：219-220.
[122] 陈力. 常规水质检测方法研究 [J]. 中国新技术新产品，2013，（23）：173.
[123] 刘洋. 峡山水库水环境分析及污染控制对策研究 [D]. 成都理工大学，2013.
[124] 谷志旺. 建筑施工中的节能减排技术 [J]. 建筑施工，2013，35（01）：65-68.
[125] 史志翔. 宝汉高速公路施工水环境保护研究 [D]. 长安大学，2012.
[126] 刘付勇. 常规参数水质检测系统的设计与实验 [D]. 重庆大学，2011.
[127] 丁远见. 隧道施工废水处理技术研究 [D]. 暨南大学，2010.
[128] 唐月晴. 施工项目环境管理研究 [D]. 天津大学，2010.
[129] 朱旻航. 重庆山区隧道施工废水混凝处理研究 [D]. 西南大学，2010.
[130] 邬晓光，张建娟，郝毅. 公路施工现场污水处理对策研究 [J]. 重庆交通学院学报，2007，（01）：105-107.
[131] 郭海，鞠慧岩. 嫩江右岸堤防工程施工中的环境保护措施 [J]. 东北水利水电，2005，（08）：28-29.
[132] 谭功. 水利水电施工中水污染事故及其防治措施 [J]. 中国三峡建设，2008，（01）：63-64.
[133] 周孝文，魏庆朝，许兆义，魏建方，任建旭，白明洲. 天山特长铁路隧道的环境影响与控制研究 [J]. 铁道标准设计，2005，（01）：7-10.
[134] 牛建敏，钟昊亮，熊晔. 美国、欧盟、日本等地污水处理厂水污染物排放标准对比与启示 [J]. 资源节约与环保，2016，（06）：301-302.
[135] GB 50335—2002. 城镇污水再生利用工程设计规范 [S]. 2016.
[136] GB/T 18920—2002.《城市污水再生利用 城市杂用水水质》[S]. 2002.
[137] GB 8978—1996 污水综合排放标准 [S]. 2002.
[138] JGJ 63—2006 混凝土用水标准 [S]. 2006.

[139] 王锋.建筑施工水污染及防治措施 [J].城市建设理论研究，2014，(11).DOI：10.3969/j.issn.2095-2104.2014.11.1460.
[140] Lyytimäki J. Avoiding overly bright future：The systems intelligence perspective on the management of light pollution [J]. Environmental Development，2015，16：4-14.
[141] Netzel H，Netzel P. High resolution map of light pollution over Poland [J]. Journal of Quantitative Spectroscopy & Radiative Transfer，2016，181：67-73.
[142] Kolláth Z，Dömény A，Kolláth K，et al. Qualifying lighting remodelling in a Hungarian city based on light pollution effects [J]. Journal of Quantitative Spectroscopy & Radiative Transfer，2016，181：46-51.
[143] Katz Y，Levin N. Quantifying urban light pollution — A comparison between field measurements and EROS-B imagery [J]. Remote Sensing of Environment，2016，177：65-77.
[144] Raap T，Pinxten R，Eens M. Rigorous field experiments are essential to understand the genuine severity of light pollution and to identify possible solutions. [J]. Global Change Biology，2017，12 (7)：e0180553.
[145] Light Pollution Handbook [M]. Springer Netherlands，2004.
[146] Bommel W V. Road Lighting [M]. Springer International Publishing，2015.
[147] Falchi F，Cinzano P，Elvidge C D，et al. Limiting the impact of light pollution on human health，environment and stellar visibility. [J]. Journal of Environmental Management，2011，92 (10)：2714-2722.
[148] Gaston K J，Davies T W，Jonathan B，et al. Reducing the ecological consequences of night-time light pollution：options and developments [J]. Journal of Applied Ecology，2012，49 (6)：1256-1266.
[149] 杨春宇，陈仲林.限制泛光照明中光污染研究 [J].灯与照明，2003，27 (2)：1-3.
[150] 邵力刚，刘蓓.城市光污染及其防治措施 [J].灯与照明，2006，30 (1)：13-15.
[151] 何旻昊.城市光污染现状与防治对策案例研究 [J].环境与可持续发展，2008 (4)：41-44.
[152] 李勋栋.上海城市照明光污染现状调研与分析 [J].光源与照明，2011 (1)：21-24.
[153] 李岷舣，曲兴华，耿欣等.光环境污染监测分类与控制值探索 [J].中国环境监测，2013 (2).
[154] 周丽旋，吴彦瑜，关恩浩等.广州市光污染的公众主观调查方案设计与结果分析 [J].中国环境科学，2013，38 (s1)：83-88.
[155] 郝影，李文君，张朋等.国内外光污染研究现状综述 [J].中国人口·资源与环境，2014 (s1)：273-275.
[156] 龚曲艺，翁季.城市夜景照明中的光污染及其防治 [J].灯与照明，2015，39 (3).
[157] 周倜.城市夜景照明光污染问题及设计对策 [D].华中科技大学，2004.
[158] 王振.城市光污染防治对策研究 [D].同济大学，2007.

[159] 刘鸣. 城市照明中主要光污染的测量、实验与评价研究 [D]. 天津大学，2007.
[160] 白仲安. 上海市城市照明光污染与防治对策研究 [D]. 同济大学，2008.
[161] 曹猛. 天津市居住区夜间光污染评价体系研究 [D]. 天津大学，2008.
[162] 洪艳铌. 城市夜景照明中光污染问题分析及对策研究 [D]. 湖北美术学院，2011.
[163] 苏晓明. 居住区光污染综合评价研究 [D]. 天津大学，2012.
[164] 林晓星. 建筑物外立面泛光照明光污染防治 [D]. 华侨大学，2014.